彩图 9.1　第三眼睑腺增生

彩图 9.2　用止血钳紧贴第三眼睑球面钳夹第三眼睑腺根部

彩图 9.3　对第三眼睑腺创面进行烧烙止血

彩图 9.4　结膜囊及角膜涂布红霉素眼药膏

彩图 12.1　腹中线切开

彩图 12.2　暴露胃，并铺设隔离巾

彩图 12.3　取出异物

彩图 12.4　连续缝合胃黏膜

1

彩图 12.5　缝合浆膜层

彩图 12.6　闭合腹腔

彩图 12.7　制作腹部保护绷带

彩图 14.1　病变肠管尽量拉出腹外，
周围用隔离巾与腹腔及腹壁隔离

彩图 14.2　纵向切开肠壁

彩图 14.3　修剪外翻的肠黏膜

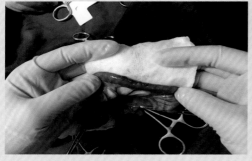

彩图 14.4　结节缝合肠壁

彩图 15.1　仰卧保定；腹部剃
毛、消毒，铺设创巾

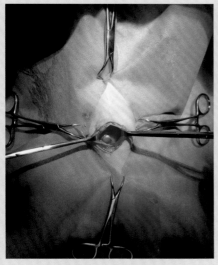

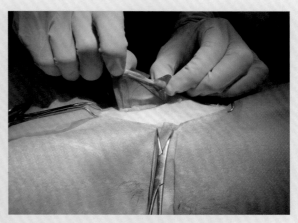

彩图 15.3　暴露子宫角前端和卵巢

彩图 15.2　腹中线切开

彩图 15.4　钳夹卵巢前方的卵巢悬吊韧带和卵巢动、静脉

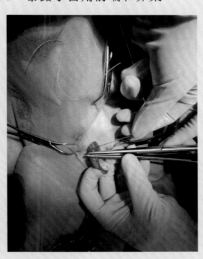

彩图 15.5　双重结扎卵巢悬吊韧带和卵巢动、静脉，在结扎线和止血钳之间剪断组织

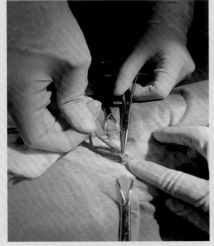

彩图 15.6　同法暴露左侧卵巢和部分子宫角

彩图 15.7　双重结扎右侧子宫角，在结扎线前方切断右侧子宫角及伴行血管

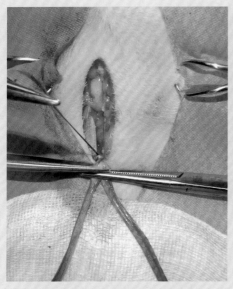
彩图 15.8　从子宫体处切断部分子宫角

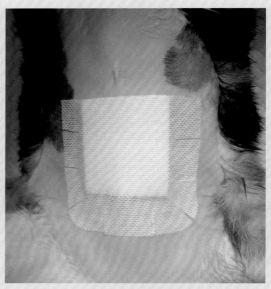
彩图 15.9　闭合腹壁切口后消毒包扎

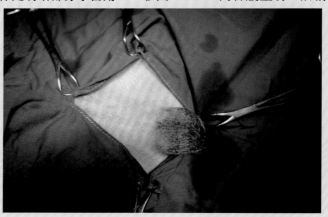
彩图 16.1　后腹部和会阴部剃毛、消毒，铺设创巾

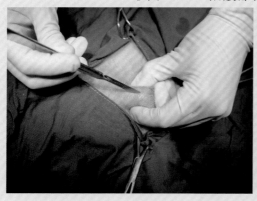
彩图 16.2　左手将一侧睾丸挤压至阴囊基部前中线固定，右手持手术刀切开皮肤

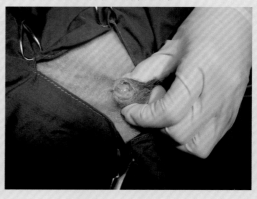
彩图 16.3　将睾丸挤出皮肤切口之外

彩图 16.4 止血钳钝性分离精索与附睾尾和切开外翻的鞘膜管之间的固有鞘膜

彩图 16.5 止血钳钳夹鞘膜管，钝性撕开附睾尾韧带

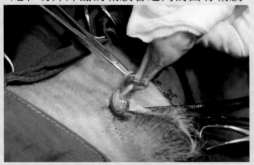

彩图 16.6 弯止血钳将精索自身打结

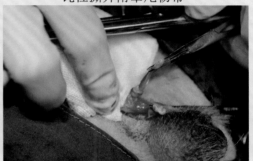

彩图 16.7 在结和睾丸之间剪断精索

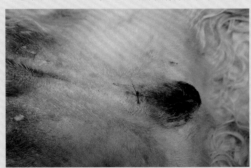

彩图 16.8 可吸收线结节缝合皮肤切口

彩图 16.9 阴囊及周围拔毛

彩图 16.10 消毒，铺设纱布创巾

彩图 16.11 依次拿好止血钳、尖剪和组织钳（穿在无名指上），并用食指和拇指捏住手术刀片

彩图 16.12 切开阴囊皮肤、肉膜和总鞘膜，睾丸随之弹出

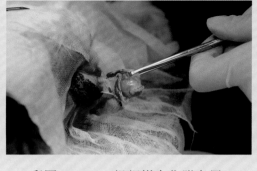

彩图 16.13 组织钳夹住附睾尾

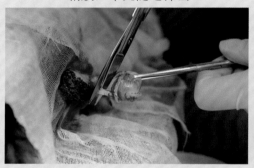

彩图 16.14 分离并剪断总鞘膜

彩图 16.15 提拉使精索与鞘膜管游离

彩图 16.16 弯止血钳将精索自身打结

彩图 16.17 在结和睾丸之间剪断精索

彩图 16.18 去除一侧睾丸，精索残端退入鞘膜管

彩图 16.19 清理阴囊切口处的血凝块，对合切口

彩图 18.1　术部剃毛、消毒

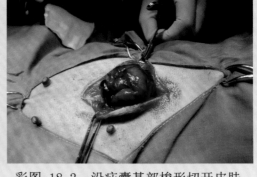

彩图 18.2　沿疝囊基部梭形切开皮肤

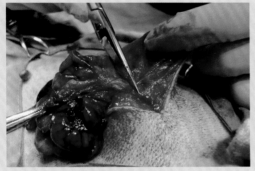

彩图 18.3　分离皮下组织，显露疝轮

彩图 18.4　切除坏死组织

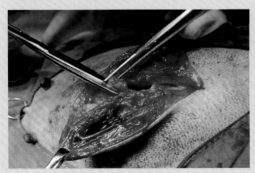

彩图 18.5　修剪疝环

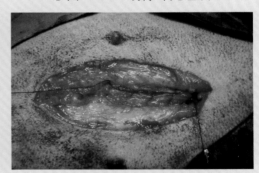

彩图 18.6　闭合腹壁切口

彩图 18.7　结节缝合皮肤切口

彩图 19.1　术部剃毛、消毒，铺设创巾

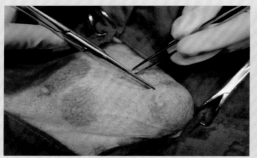

彩图 19.2 沿腹股沟方向皱襞
切开腹股沟环腹侧的皮肤

彩图 19.3 剪开鞘膜突

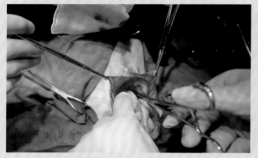

彩图 19.4 分离疝内容物，还纳腹腔

彩图 19.5 闭合疝环

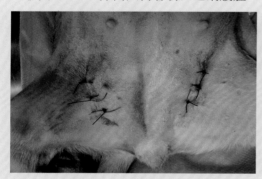

彩图 19.6 结节缝合皮肤

彩图 20.1 术部剃毛，清理直肠内粪便
和肛囊内容物，肛门内塞入棉球

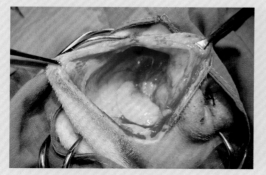

彩图 20.2 疝囊切开

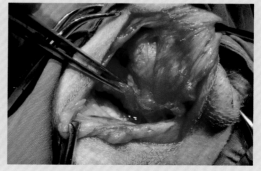

彩图 20.3 分清术部肌肉

彩图 20.4　3～5个结节缝合内侧的肛门外括约肌与背外侧的肛提肌、尾骨肌和荐坐韧带（1）

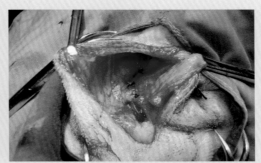

彩图 20.5　3～5个结节缝合内侧的肛门外括约肌与背外侧的肛提肌、尾骨肌和荐坐韧带（2）

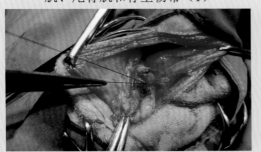

彩图 20.6　缝合内侧的肛门外括约肌与腹侧掀起的闭孔内肌

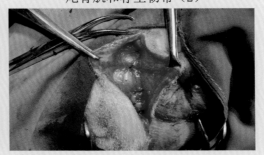

彩图 20.7　结节缝合皮下组织

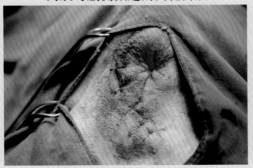

彩图 20.8　结节缝合皮肤

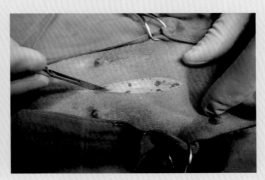

彩图 21.1　腹中线切口

彩图 21.2　牵拉出膀胱，纱布隔离

彩图 21.3　膀胱顶腹侧少血管区纵向切开膀胱壁

彩图 21.4　取出大块结石

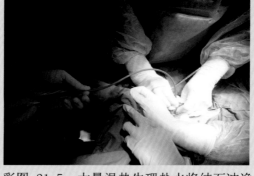

彩图 21.5　大量温热生理盐水将结石冲净

彩图 21.6　连续缝合膀胱黏膜

彩图 21.7　连续内翻缝合膀胱浆膜肌层

彩图 21.8　闭合腹腔

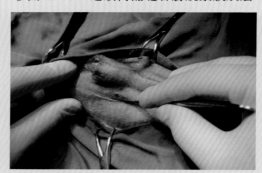

彩图 21.9　阴茎右侧皮肤切口

彩图 21.10　包扎并留置导尿管

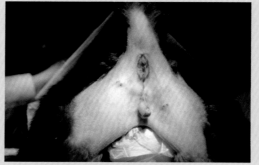

彩图 22.1　全身麻醉，臀股部、
尾根部和会阴部剃毛

彩图 22.2　沿阴囊和包皮两侧的
预定切开线椭圆形切开皮肤

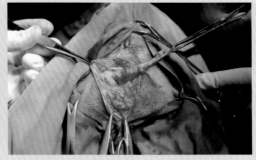

彩图 22.3　分离，去除阴囊和包皮，
钳夹切口腹侧的阴囊动脉止血

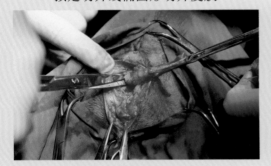

彩图 22.4　分离阴茎周围组织（1）

彩图 22.5　分离阴茎周围组织（2）

彩图 22.6　从尿道口沿阴茎部尿道的
背正中线剪开，显露尿道黏膜（1）

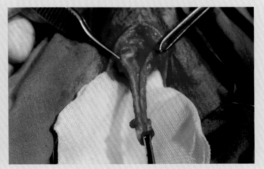

彩图 22.7　从尿道口沿阴茎部尿道的
背正中线剪开，显露尿道黏膜（2）

彩图 22.8　插入导尿管，检查通畅程度

彩图 22.9　阴茎部尿道黏膜
与周围皮肤结节缝合

彩图 23.1 仰卧保定，后腹部和会阴部剃毛

彩图 23.2 沿阴囊基部椭圆形切开皮肤，分离

彩图 23.3 去除阴囊皮肤

彩图 23.4 切开总鞘膜

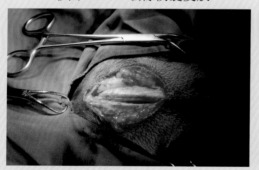
彩图 23.5 显露阴茎

彩图 23.6 切开阴茎腹正中
侧的尿道海绵体和尿道

彩图 23.7 扩大切口至 2 cm 左右

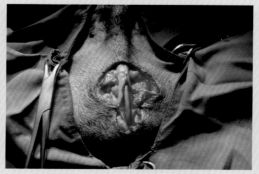
彩图 23.8 尿道黏膜与周围
皮肤结节缝合（1）

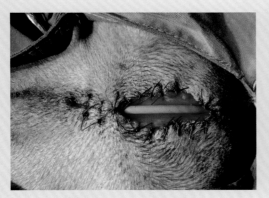

彩图 23.9 尿道黏膜与
周围皮肤结节缝合（2）

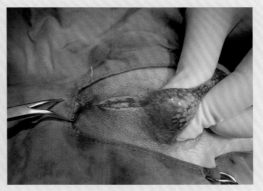

彩图 23.10 紧贴阴囊基部向后，
沿正中线切开皮肤 3～4 cm

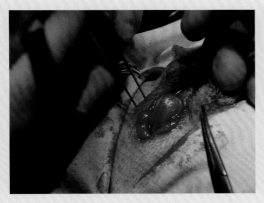

彩图 23.11 显露尿道海绵体

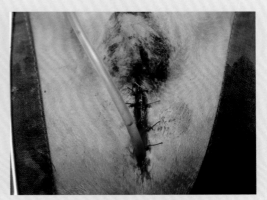

彩图 23.12 将切开的尿道黏膜
与周围皮肤结节缝合

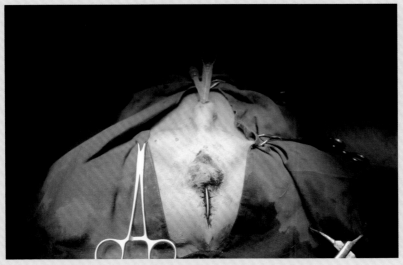

彩图 23.13 经造口处插入双腔导尿管，留置

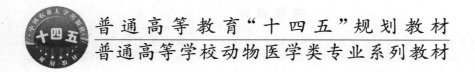

普通高等教育"十四五"规划教材

普通高等学校动物医学类专业系列教材

兽医外科手术学实验教程

第 2 版

张欣珂　金艺鹏　主编

中国农业大学出版社

·北京·

内 容 简 介

本书共有 23 个实验,主要内容包括器械识记、动物保定、灭菌消毒、打结、缝合、麻醉、眼科手术、消化系统手术、泌尿系统手术、生殖系统手术等。以小动物为主,大动物为辅,较为全面地涵盖了临床常用外科手术技术。

本书针对动物医学专业本科生外科手术课程进行设计编写,既挑选了学生必须掌握的基本外科手术操作技能,又添加了一些具有较高难度的软组织手术作为补充,力求满足各院校兽医外科手术教学需求。使用本教程进行教学工作的教师,可结合本院校的特点,选择性地安排兽医外科手术学实验内容,并合理地制定教学深度。

本教程可以配合林德贵教授主编的面向 21 世纪课程教材《兽医外科手术学》(中国农业出版社,2011)与王洪斌教授主编的《兽医外科学》(中国农业出版社,2011)使用。为了更好地适应本科生的学习特点,本教程补充了较多新颖的插图,使教学实习过程更为直观。

图书在版编目(CIP)数据

兽医外科手术学实验教程/张欣珂,金艺鹏主编. —2 版. —北京:中国农业大学出版社,2018.2(2023.10 重印)

ISBN 978-7-5655-1974-1

Ⅰ.①兽… Ⅱ.①张…②金… Ⅲ.①兽医学-外科手术-实验-教材 Ⅳ.①S857.12-23

中国版本图书馆 CIP 数据核字(2018)第 000289 号

书　　名	兽医外科手术学实验教程　第 2 版
	Shouyi Waike Shoushuxue Shiyan Jiaocheng
作　　者	张欣珂　金艺鹏　主编

策划编辑	张　程	责任编辑	田树君
封面设计	郑　川　李尘工作室		
出版发行	中国农业大学出版社		
社　　址	北京市海淀区圆明园西路 2 号	邮政编码	100193
电　　话	发行部 010-62818525,8625	读者服务部	010-62732336
	编辑部 010-62732617,2618	出 版 部	010-62733440
网　　址	http://www.caupress.cn	E-mail	cbsszs@cau.edu.cn
经　　销	新华书店		
印　　刷	涿州市星河印刷有限公司		
版　　次	2018 年 4 月第 2 版　　2023 年 10 月第 5 次印刷		
规　　格	170 mm×228 mm　　16 开本　　7 印张　　130 千字　　彩插 7		
定　　价	25.00 元		

图书如有质量问题本社发行部负责调换

第2版编写人员

主　编　张欣珂　金艺鹏

副主编　彭广能　袁占奎

编　者（按姓氏拼音排序）

　　　　曹　杰（中国农业大学）

　　　　韩春杨（安徽农业大学）

　　　　金东航（河北农业大学）

　　　　金艺鹏（中国农业大学）

　　　　李宏全（山西农业大学）

　　　　李　麟（江西农业大学）

　　　　李云章（内蒙古农业大学）

　　　　林德贵（中国农业大学）

　　　　彭广能（四川农业大学）

　　　　邱昌伟（华中农业大学）

　　　　史万玉（河北农业大学）

　　　　汤小朋（中国农业大学）

　　　　谢富强（中国农业大学）

　　　　袁占奎（中国农业大学）

　　　　张　迪（中国农业大学）

　　　　张加力（吉林农业大学）

　　　　张欣珂（西北农林科技大学）

绘　图　金艺鹏

主　审　林德贵　肖　啸　李守军

第1版编写人员

主　编　金艺鹏　林德贵

副主编　彭广能　袁占奎　丛恒飞

编　者（按姓氏笔画排列）

马艳斌（中国农业大学）

王鹿敏（中国农业大学）

史万玉（河北农业大学）

丛恒飞（中国农业大学）

李云章（内蒙古农业大学）

李宏全（山西农业大学）

李　慧（中国农业大学）

李越鹏（中国农业大学）

邱昌伟（华中农业大学）

张加力（吉林农业大学）

林德贵（中国农业大学）

金艺鹏（中国农业大学）

金东航（河北农业大学）

袁占奎（中国农业大学）

韩春杨（安徽农业大学）

彭广能（四川农业大学）

绘　图　金艺鹏（中国农业大学）

黄绿榕（中国农业大学）

摄　影　黄　山（中国农业大学）

第 2 版前言

党的十八大以来，我们共同见证了新时代十年的伟大变革，也共同经历了党的十九大以来极不寻常、极不平凡的五年，党和国家与各行各业均取得历史性成就、发生历史性变革，推动我国迈上全面建设社会主义现代化国家新征程。十年来，临床兽医学作为兽医学科的重要组成部分，近年来得到了长足发展，其中兽医外科手术学在诊断、治疗技术的推动下进步尤其显著。值此二十大召开 1 年之际，本书第 2 版即将重印，章节与内容设置以党的二十大重要精神为纲领，面向世界科技前沿及国家重大需求，以培养适应社会需求、德智体美劳全面发展的高素质兽医外科人才为宗旨，注重兽医外科手术的知识、技能与情感态度价值观的培养。

随着中国特色社会主义进入新时代，人民对美好生活的需要日益增长，家养宠物的数量显著增多，临床兽医所面对的小动物病例将逐渐成为服务对象的主要组成部分，服务宗旨也从单纯的"保民生"逐步转向"增福祉"。但无论何时，基础手术知识和训练都是兽医专业学生必须掌握的基本知识和技能。由于地域因素和学校特色差异，兽医外科手术学实验的侧重点和授课方式各有不同。为了尽量配合各高校的手术实验教学需求，本书在第 1 版的基础上进行了部分内容的整合或拆分，扩充了大动物和经济动物的常见手术。同时，发展现代化野生动物保护，对于推进美丽中国建设，坚持山水林田湖草沙一体化保护和系统治理，维护国家生态安全、公共卫生安全，促进林草业高质量发展具有重要意义。临床兽医必将面对更多野生动物病例，服务宗旨还需进一步上升至"保生态"，本书还少量渗透了野生动物的相关手术。

本书图文并茂、内容充实、简明实用，历经了多次修改与完善后，力求满足二十大重要精神及各农业院校兽医临床外科手术学的教学要求，凝聚了全体编者的辛勤劳动。希望本书能够作为本科生兽医外科手术学实验课良好的学习和指导素材，在教学中发挥较好的作用。由于编写时间仓促，作者水平有限，虽几经斟酌校对，仍难免存在不足之处，恳请读者指正，定将在今后的修订工作中加以改进，使本书更加完善。

编　者

2023 年 10 月

第 1 版前言

时代的进步和社会经济的发展加快了临床兽医学前进的步伐。近 15 年来,动物临床医学得到了前所未有的发展,其中,重要传统学科兽医外科手术学的进步尤其显著。学科的发展源于社会的实际需求,科学技术的发展、信息化、电子化与机器化的社会变革也促使我国兽医服务对象的变化。随着社会意识形态的改变与人民生活水平的提高,传统的役用家畜逐渐退出历史的舞台,家养宠物的数量显著增多。临床兽医所面对的小动物病例将逐渐成为兽医服务对象的重要组成部分。为了适应这一变革,兽医外科手术学的教学内容急需调整和丰富,教师在小动物疾病临床与教学方面的素养也将要求更高。

本次编写《兽医外科手术学实验教程》,先后经历了多次内容的修改和完善。本书在保持传统大家畜兽医外科手术学知识的同时,扩充了小动物外科手术学知识的份额。同时,作者手绘或拍摄了大量的插图,有利于本科教学的直观学习。

本书图文并茂,内容充实,简明实用,一切以满足现代兽医临床外科手术学教学内容为出发点,凝聚着全体编者的心血。希望本书能够为本科生的兽医外科手术学实验课提供良好的学习素材。由于时间仓促,作者水平有限,书中难免存在缺陷,希望读者提出宝贵意见,定将在今后的编写工作中,加以改进。

编 者
2009 年 11 月

目　录

实验一　常用外科手术器械的识别、准备与使用

【实验目的】

1. 了解常用基本手术器械的种类及适用范围。

2. 掌握常用手术器械的准备。

3. 熟练掌握常用手术器械的正确使用方法。

【实验内容】

通过对器械的识别和练习,熟练掌握常用外科手术器械的正确准备和使用方法,明确各器械的适用情况及应用禁忌。

【实验材料与器械】

手术刀片、手术刀柄、手术剪、手术镊、止血钳、持针器、巾钳、肠钳、组织钳、舌钳、缝合针、丝线、聚乙醇(PGA)缝线等。

【实验步骤】

1. 识别并练习使用下列常用手术器械

(1)手术刀:主要用于切开和分离组织,另外还可用刀柄做组织的钝性分离,或代替骨膜分离器剥离骨膜。在手术器械不足的情况下,可暂代手术剪做切开腹膜、切断缝线等操作。

手术刀分固定刀柄和活动刀柄两种。活动刀柄手术刀由刀柄和刀片两部分组成,装刀片的方法是用止血钳或持针器夹持刀片约上1/3处,装置于刀柄前端的槽缝内;手术结束后轻轻夹起刀片背侧尾端,平行向前将刀片退下(图1.1)。手术刀片应及时更换,以确保刀刃锋利(图1.2)。

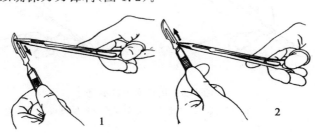

图1.1　手术刀片装、取法
1. 装刀片法　2. 取刀片法

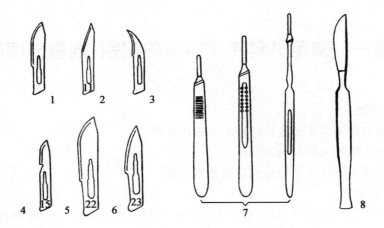

图1.2 不同类型的手术刀片及刀柄

1.10号小圆刃 2.11号角形尖刃 3.12号弯形尖刃 4.15号小圆刃 5.22号大圆刃

6.23号圆形大尖刃 7.刀柄 8.固定刀柄圆刃

执刀方法要正确,动作力度应得当、准确、有效,避免造成组织过度损伤。执刀的姿势根据不同的需要分为:指压式、执笔式、全握式和反挑式4种(图1.3)。

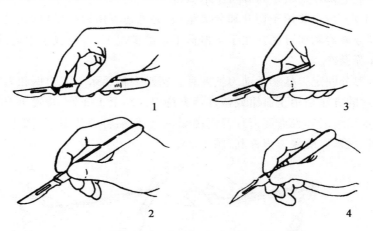

图1.3 执手术刀的姿势

1.指压式 2.执笔式 3.全握式 4.反挑式

①指压式:以手指按刀背后1/3处,用腕与手指的力量切割。适用于需用较大力切开的部位,如大动物的皮肤、腹膜等。

②执笔式：如同执钢笔。动作涉及腕部，力量主要集中于手指。适用于小小力量短距离精细操作，多用于小动物。

③全握式：力量在手腕。适用于切割范围较广，用力较大的切开术。因手腕用力不是很精确，故很少使用，偶用于大动物手术。

④反挑式：刀刃由组织内向外挑开，以免损伤深部组织。多用于膜性器官的切开，如腹膜的切开。

外科手术时，应根据手术的种类和性质选择不同的执刀方式。不论采用何种执刀方式，大拇指均应放在刀柄的横纹或纵槽处，食指放在刀柄对侧的近刀片端，以稳住刀柄并控制刀片的方向和力量。刀柄握得过高或过低都会影响操作：过高不易控制运刀的方向和力度；过低则会妨碍视线。用手术刀切开或分离组织时，除特殊情况外，一般要用刀刃突出的部分，避免因刀尖插入深层看不见的组织内而误伤重要的组织和器官。此外，手术操作时要根据不同部位的解剖特点控制力量和深度，避免造成意外的组织损伤。

（2）手术剪：分为组织剪和剪线剪两种。组织剪用于组织的分离和剪断组织，剪线剪用于剪断缝线。为适应不同性质和部位的手术，组织剪分大小、长短和弯直几种，直剪用于浅部手术操作，弯剪用于深部组织分离（图1.4）。

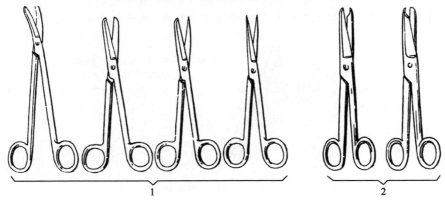

图1.4　手术剪

1.组织剪　2.剪线剪

正确的执剪法是以大拇指和无名指插入剪柄的两环内，但不宜插入过深，以大拇指的第一个指节和无名指的第二个指节处为宜，食指轻压在剪柄和剪刀交界的关节处，中指放在无名指插入环的前外方柄上，准确地控制剪开的方向和长度（图1.5）。其他的执剪方法则各有缺点，均是不正确的。

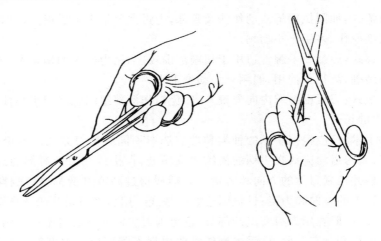

图 1.5 执手术剪的姿势

（3）手术镊：用于夹持、稳定或提起组织以利于切开和缝合。镊有不同的大小、长度，其尖端有有齿和无齿（平镊）、尖头和钝头之分。有齿镊损伤性大，用于夹持坚硬组织。无齿镊损伤性小，用于夹持脆弱的组织和脏器。

正确的执镊方法是用大拇指对食指和中指执拿，执夹的力量应适中（图 1.6）。

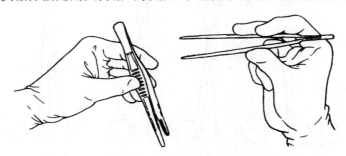

图 1.6 执手术镊姿势

（4）止血钳：又叫血管钳，主要用于夹住出血部位的血管或出血点，以达到直接钳夹止血的效果；有时也用于分离组织、牵引缝线。止血钳也分弯、直两种：直钳用于浅表组织和皮下止血，弯钳用于深部止血（图 1.7）。

外科手术中使用止血钳止血时，应尽可能地避免钳夹过多的组织，防止影响止血的效果或造成不必要的组织损伤。任何止血钳对组织都有压迫作用，所以不宜用于夹持皮肤、脏器及脆弱组织。执拿止血钳的方式与手术剪相同。

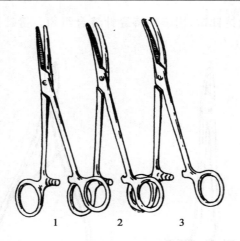

图 1.7　各种类型止血钳

1.直止血钳　2.弯止血钳　3.有齿止血钳

松钳方法:用右手时,将大拇指及无名指插入柄环内捏紧使扣分开,再将大拇指内旋即可;用左手时,大拇指及食指持一柄环,中指和无名指顶住另一柄环,二者相对用力,即可松开(图 1.8)。

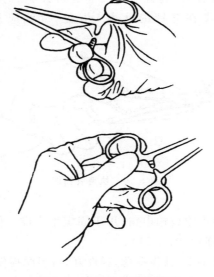

图 1.8　右手及左手松钳法

（5）持针器：又叫持针钳，用于夹持缝针缝合组织。持针器分为握式持针器和钳式持针器两种（图1.9）。

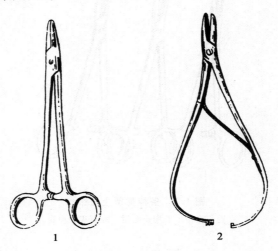

图1.9 持针钳

1.钳式持针钳 2.握式持针钳

使用持针器夹持缝针时，缝针应夹在靠近持针器的尖端，若夹在齿槽中间，则易将针折断。一般夹在缝针的针尾1/3处，缝线应重叠1/3，以便于操作（图1.10）。

图1.10 执持针钳法

（6）巾钳：也称为创巾钳或帕巾钳，用于固定手术巾。使用时连同手术巾一起夹住皮肤，防止手术巾移动（图1.11）。

（7）肠钳：用于肠管手术，其齿槽薄，弹性好，对组织损伤小，可以阻断肠内容物的移动、溢出或肠壁出血（图1.12）。

（8）组织钳：又称为鼠齿钳，对组织的压迫较止血钳轻，故一般用以夹持软组

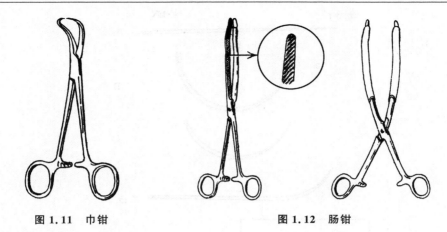

图 1.11　巾钳　　　　　　　　　　图 1.12　肠钳

织,不易滑脱(图 1.13)。

(9)舌钳:前端不能完全闭合夹紧,对组织损伤轻微,用于子宫、胃壁创缘的固定(图 1.14)。

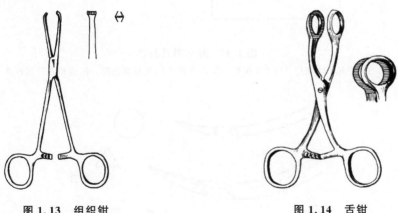

图 1.13　组织钳　　　　　　　　　图 1.14　舌钳

(10)缝合针:主要用于闭合组织或贯穿结扎。缝合针分为两种类型:无眼缝合针(无损伤缝针)和有眼缝合针。无损伤缝针有特定的包装,保证无菌,可以直接使用,多用于血管、肠管缝合。有眼缝针根据针孔的不同又分为穿线孔缝合针和弹机孔缝合针,后者的针孔有裂槽,缝线由裂槽直接压入针眼,便于穿线。缝合针根据弧度的不同分为直形、1/2 弧形、3/8 弧形和半弯形。缝合针尖端分为圆锥形和三角形两种。圆针主要用于胃肠、膀胱、子宫等脏器的缝合;三角形针有锐利的刃缘,用于较厚致密组织的缝合,如皮肤、腱、筋膜及瘢痕组织等(图 1.15、图 1.16)。

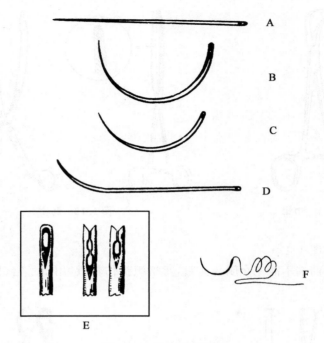

图 1.15　缝合针的种类

A.直形　B.1/2 弧形　C.3/8 弧形　D.半弯形　E.无损伤缝针　F.弹机孔针尾构造

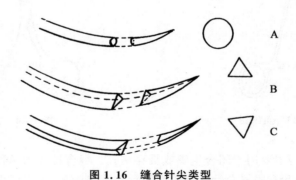

图 1.16　缝合针尖类型

A.圆锥形　B.传位形　C.翻转弯缝针

2.手术器械的准备

　　爱护手术器械是外科工作者必备的素养之一。除了正确而合理地使用手术器械外，还应注意爱护和保养器械。在存放及消毒的过程中要注意将利刃和精密器械与普通器械分开，以免相互碰撞而造成损伤。手术后应及时卸下手术刀片并将器械用清水洗净，洗刷器械不可用力过猛，洗刷止血钳时要注意将齿槽内的血凝块和组织碎片洗净，不允许用止血钳夹持坚、厚物品，更不允许用止血钳夹持碘酊棉球等消毒药棉。金属器械在非紧急情况下禁用火焰灭菌。不常用的器械要擦干涂油，置于干燥处保存，并定期检查涂油。

3.练习并掌握手术器械的摆放及传递方法

手术前应将所用器械分门别类地摆放在器械台的一定位置上，传递器械时助手应将器械的握持部递交到术者手中。传递手术刀时，助手握住刀柄与刀片衔接处的背部，将刀柄送至术者手中；传递剪刀、止血钳、手术镊、持针器等时，助手应握住器械的中部，将柄端递给术者；传递直针时，应先穿好缝线，拿住缝针前部将针递给术者。切忌将刀刃或针尖等锐利一端直接传递给操作人员（图 1.17）。

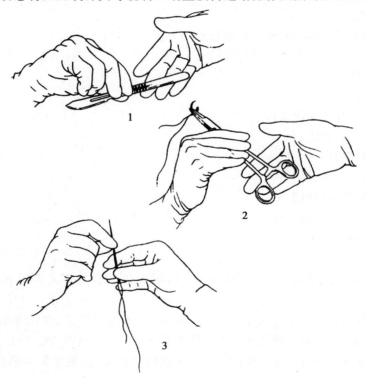

图 1.17　手术器械的传递

1.手术刀的传递　2.持针钳的传递　3.直针的传递

实验二 保 定

【实验目的】
掌握动物的保定方法,避免患病动物和工作人员遭受伤害。

【实验要求】
掌握犬、猫、马属动物和牛的保定方法。

【实验方法】
先由教师讲解演示保定器械、保定方法和技术,再由同学分组进行练习。

【实验内容】

1. 猪蹄扣、单套活结、双套活结的打结方法。

2. 牛鼻夹、耳夹、绳索、柱栏的认识。

3. 犬的保定方法。

4. 猫的保定方法。

5. 马属动物的保定方法。

6. 牛的保定方法。

【实验对象】
实验犬、猫、马、牛。

【实验材料与器械】
牛鼻夹、耳夹、绳索、柱栏。

【实验步骤】

1. 犬的保定

犬的保定要注意防止犬咬伤医护人员,因此对于不同的犬采用不同的保定方式。

(1)性格较温顺的小型犬和中型犬可采用环抱保定的方式,操作者用一只手臂环绕动物颈部,另一只手臂从下至上或从上至下环抱犬的腹部(图2.1)。

(2)性格较暴躁的小型犬和中型犬可采用扎口保定(或使用伊丽莎白项圈)加环抱保定的方式。

(3)大型犬需要多人参与保定,控制住头部及四肢。必要时可用口笼套。

2. 猫的保定

猫的保定要注意防止抓伤和咬伤,因此在保定时需要尽量做到稳固。

（1）伊丽莎白项圈加环抱保定法,将猫的两前肢用一只手固定,两后肢用另一只手固定,将猫抱于怀中(图 2.2)。

（2）包裹保定法,使用捕猫袋或者厚毛巾将猫的颈部以后的位置进行包裹,防止抓伤,再用一只手控制猫的头部。

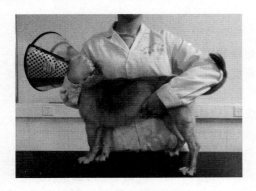

图 2.1　犬的环抱保定　　　　　　图 2.2　猫的环抱保定

3.马属动物的保定

（1）柱栏保定法

①二柱栏保定法:二柱栏保定法是一种常用的简便保定方法。在农村,兽医常选用距离适当的两棵树,在离地约 2 m 高处架一横木构成二柱保定栏。保定时常将患畜牵至两柱之间,缰绳拴在横梁上,用绳子将颈部固定在前柱上,再用长约9 m 的围绳将马围在两柱之间,然后用两条绳索绕过横梁和马的身体分别装胸吊带和腹吊带(图 2.3)

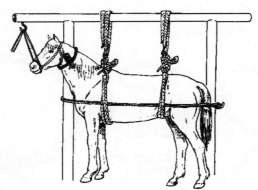

图 2.3　二柱栏保定法

②四柱栏保定法：四柱栏有木制和铁质两种。保定时将动物由后面牵入栏内，缰绳拴在一侧前柱上，胸前安置横杠，后面挂上铁链。必要时可在颈基部装背带，以防动物跳起。

（2）倒卧保定法

①基本要求：

动物应停饲 12～24 h。

场地应光滑、平整、土质地面、无尖锐物体。

绳子应光滑、柔软、结实、有足够长度。

绳结应易结、易解。

后蹄尖不能超过肘关节，以免造成脱臼。

倒卧后动物挣扎欲起时应将其头颈弯向背侧。

保定人员胆大、心细、稳健。

②双套法：用一根长约 20 m 的柔软结实圆绳，在绳的中间打一个颈环（图 2.4）。将打好的颈环调整为一环长一环短，使长绳绕过倒卧侧并在倒卧对侧与短环相套，并将套结用木棒或耳夹固定。两绳端通过两前肢之间，由任一侧引向后方并放松绳子使其着地，勒令动物后退，当动物抬起后肢时，牵拉绳索使两绳端并入两后腿之间，此时绳索两端均位于动物腹下。随后将两条平行的绳索分别由两助手向马两侧绕过后肢系部拉向前方。倒卧侧绳端由下而上从腹下两绳之间穿到倒卧对侧，再穿过颈环拉向前方；倒卧对侧绳端由下而上从腹下两绳之间穿过本侧颈环拉向后方（图 2.5）。先将倒卧侧的绳端向前拉紧，使该侧后蹄悬于腹下，紧接着将倒卧对侧绳索拉紧，从而使动物失去平衡倒卧在地。最后将两绳端一起缠绕在固定棒上，另用一根短绳打一单套活结将两前蹄套在一起牵拉至腹下，将绳端缠绕在固定棒上（图 2.6）。手术结束后，先揭开两前肢系部的单套活结，然后抽去固定棒，绳索自动滑落，动物解除保定。

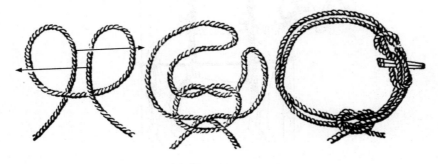

图 2.4　颈环

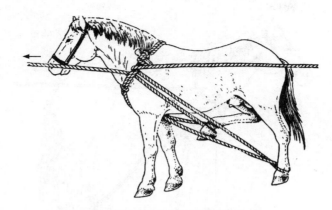

图 2.5　双套倒马法系绳方式

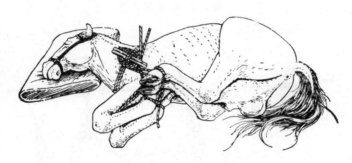

图 2.6　双套倒马法

③单套法:用一根长约 12 m 的圆绳,一端在颈部系一颈环,另一端通过两后肢之间引向后方,再绕过倒卧侧后肢的系部向前折转,然后通过腹下穿至倒卧对侧的颈环向后拉紧,使倒卧侧后肢悬空提举至腹下(图 2.7)。迅速将绳索经臀部压向倒卧侧,同时保定头部的助手用力将马头压向倒卧侧,使马失去平衡倒卧在地,然后将马四肢固定。此方法适用于体型小、温顺的马属动物。

4.牛的保定

(1)一根绳倒牛法:用一根长 15 m 的圆绳,从中间对折后将绳索绕腹部缠绕一圈,再将两绳头穿过绳环分别拉向前方和后方,然后将两绳圈平行调至胸部和腹部,使绳子交叉处的两个半结分别位于肩胛后角和髋结节前下方的胘窝处(图 2.8)。前后绳索同时拉紧,牛即可原地侧卧在地。此方法适用于黄牛和体型较小的奶牛,不适用于体型较大的奶牛和怀孕母牛。

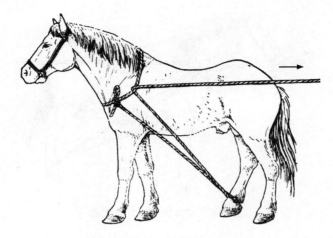

图 2.7 单套倒马法

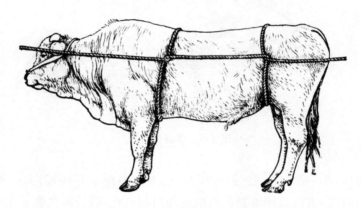

图 2.8 一根绳倒牛法

（2）蹲卧倒牛法：将一根长 15 m 的圆绳的中间部分横置于牛的肩峰上，将两绳端向下从前部通过两前肢之间，随后向后上方牵拉在背部进行一次交叉，然后再向下从两后肢内侧和阴囊或乳房中间平行引向后方（图 2.9）。两绳用力相等平行后拉，同时助手将牛头向前拉，牛即蹲卧在地。此方法适用于短时间临床操作。

图 2.9　蹲卧倒牛法

实验三 手术无菌技术

【实验目的】

掌握手术的基本无菌技术,减少人为或医源性感染。

【实验要求】

掌握手术器械、手术部位、手术人员的无菌技术,训练无菌意识。

【实验方法】

先由教师讲解演示手术器械、手术部位、手术人员的无菌技术,再由同学分组进行练习。

【实验内容】

1.手术器械灭菌与消毒。

2.手术部位消毒与隔离。

3.手术人员消毒。

4.无菌意识。

5.手术室管理。

6.无菌技术练习。

(1)清洗器械和打包手术包。

(2)使用全自动高压蒸汽灭菌器。

(3)手术部位准备。

(4)手术人员消毒。

【实验对象】

实验羊、犬、猫。

【实验材料与器械】

常规手术器械包、灭菌指示胶带、全自动高压蒸汽灭菌器、肥皂、电动剃毛刀、剃毛刀片、吸尘器、碘伏、70％酒精、创巾、创巾钳、手术帽、手术口罩、刷子、一次性灭菌手术衣、灭菌手术手套。

【实验步骤】

手术器械灭菌、手术部位准备、手术人员消毒以及无菌意识是构成手术无菌技术的 4 个要素。

1.手术器械灭菌与消毒

在时间充裕、有设备条件的情况下,一般选择高压蒸汽灭菌。它是一种方便且效果明确的灭菌法。此外,环氧乙烷灭菌法和煮沸灭菌法也是临床上常见的灭菌方法。如果条件不允许,或者对器械的无菌要求不高,也可使用新洁尔灭等化学试剂消毒。

(1)高压蒸汽灭菌。

①手术包的准备:器械清洗擦干后,松开锁扣,两层棉包巾打包。也可使用其他材料如纸袋、塑料袋打包,不同包装材料维持灭菌的时间有差异。

②适用范围:金属制品、橡胶制品、纱布等敷料、玻璃制品均可。塑料在加热过程中可能微分解,释放一些有害物质,多次加热定有损耗,不建议使用此法。

③老式高压锅:操作繁琐,而且需要注意安全。

a.锅内注入蒸馏水直到水位线。

b.灭菌桶内放入需灭菌物品,为了让高温蒸汽流通,物品尽量垂直放置,堆放不宜紧凑。

c.将锅盖上的排气软管插入锅内壁的管中。对角均匀旋紧锅盖,关闭所有气阀。

d.将高压锅放在电炉上,开始加热。

e.当压强到达 0.05 MPa 时,打开放气阀;待压强回到 0 时,关闭气阀。

f.当压强达到 0.1 MPa(即温度达到 121℃)时,加热适当调小,维持在所需压强之上即可。开始计算灭菌时间,30 min 后停止加热。

g.打开放气阀放出蒸汽,待压强为 0 MPa 时,开盖取出灭菌物品,冷却干燥。

④全自动高压灭菌器:操作简便,1、2 步分别同 a、b。设定温度为 121℃,时间 30 min。按下开始。预定时间到达后,打开放气阀放气,待压强降至 0 MPa 后,开盖取出灭菌物品。

⑤灭菌效果监测:指示胶带,此胶带印有白色斜条纹,可任意粘贴在需灭菌物上。在 121℃经 20 min,130℃经 4 min 后,斜条纹变为黑色。

⑥无菌状态的期限:在干燥状态下,双层棉布包装的高压蒸汽灭菌物品可保持无菌状态 30 d,双层纸/塑料袋包装可保持无菌状态 12 个月。如果没有及时干燥或放在脏乱的地方可能被污染。

(2)新洁尔灭浸泡消毒。

①适用范围:金属制品、橡胶制品、纱布等敷料、塑料均可。新洁尔灭溶液是一种毒性低、对生物体刺激性小的广谱杀菌剂。

②方法:5%(M/V)新洁尔灭溶液稀释 50 倍,调整浓度至 0.1%。为了防止金

属生锈,还可以加入亚硫酸钠,配成 $0.5\%(M/V)$ 溶液。浸泡 30 min 达到消毒效果。如果新洁尔灭溶液中混入了血液等有机物或阴离子表面活性剂如肥皂等,消毒效果下降。溶液变为灰绿色时,则失效,需更换。

(3)环氧乙烷灭菌。

①适用范围:不能使用高温灭菌以及新洁尔灭浸泡消毒的物品。我们所见的商品化一次性灭菌导尿管即用此法灭菌。

②原理:环氧乙烷是一种广谱灭菌剂,与 DNA、蛋白质发生烷基化作用,从而杀灭微生物。环氧乙烷穿透性很强,可以穿透微孔,到达产品内部相应的深度。

(4)煮沸灭菌。

①适用范围:金属、玻璃制品。纱布等要求速干的敷料不适用。另外,塑料不建议使用此法,理由同高压蒸汽灭菌。

②方法:将需消毒的物品放入沸水中 15 min,若被芽孢污染,至少煮沸 1 h。加入小苏打制成 $2\%(m/V)$ 的溶液可以提高沸点至 $102\sim105℃$,灭菌时间可缩短至 10 min。橡胶制品和缝线等需在水沸腾后加入,以防止老化及强度下降。

2.手术部位准备

(1)除毛。

距离预定切口 $5\sim20$ cm(根据动物的大小和可能需要扩大切口),使用电动剃毛刀或刀片剃毛(图 3.1)。可用温热肥皂水浸湿毛发,以便剃除。然后使用吸尘器吸尽毛屑、灰尘(图 3.2)。不规则部位可以尝试用脱毛膏。如果无需手术的身体末端如爪部暴露于术野之内,可以不剃毛而用棉布或塑料将其包好,然后再使用灭菌创巾或薄膜隔离。应沿毛发生长方向逆向剪毛或剃毛,用刀片刮毛时应顺着毛发方向运刀。

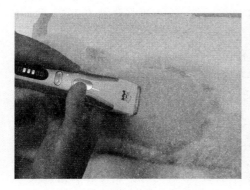 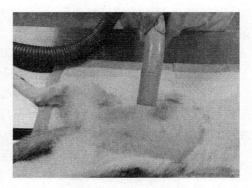

图 3.1　术前使用电动剃毛刀剃毛　　图 3.2　剃毛后使用吸尘器吸除皮屑、毛发与灰尘

（2）消毒。

①无菌或清洁手术自预定切口向周围画圈消毒,化脓手术自较清洁处向患处画圈涂擦(图3.3)。消毒流程有多种选择,可以使用碘伏喷雾/涂擦,维持5 min,然后用70％酒精脱碘。这样重复3次。消毒完后尽快手术,避免消毒的术野在空气中暴露过久。

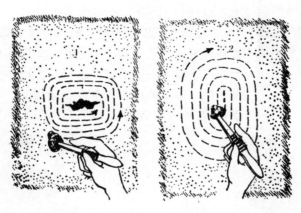

图3.3　消毒流程示意图

②术中需要消毒黏膜时(如尿道造口术),改用0.1％新洁尔灭溶液或洗必泰。眼部手术则用2％～4％硼酸溶液消毒。

（3）隔离。

可以采用一块有孔创巾,或者多块创巾组合进行隔离。前者的孔应充分暴露术野,后者从消毒边缘开始铺设。创巾一旦铺上,只能自术野向外移动,不能向内移动,否则会将外围的污染带入术野。以巾钳固定,巾钳一旦穿过创巾就不能认为是无菌了。另外,切开空腔或实质性器官前在周围用纱布进行隔离可防止污染其他部位。

虽然我们希望所有的手术都能够做到完全无菌,但这可以说是不切实际的。不同手术的感染概率不同,隔离要求也有所不同:比如一般软组织手术,多采用一块有孔创巾隔离;而全髋置换术因为是植入性手术就要求创巾隔离后,再使用手术无菌贴膜。

3.手术人员消毒

（1）进入手术室前,换上清洁的衣裤和鞋子/鞋套,手术室内不能穿着露脚面或脚趾的鞋。戴上口罩和帽子。

（2）指甲应尽量剪短。用肥皂洗手,从指尖到肘部。流水冲洗时也应如此。这

图 3.4　待穿手术衣

是因为相比较而言，手比肘部更接近术野。必要时用刷子刷洗指缝，也可以使用 0.1% 的新洁尔灭溶液擦洗浸泡 5 min。放于胸前自然风干或者用灭菌毛巾擦干（新洁尔灭洗手则不用，以免破坏形成的薄膜）。

（3）双手尽量置于胸前，穿上无菌手术衣，由助手系上衣带（图 3.4、图 3.5、图 3.6）。

（4）穿戴一次性灭菌手套。双手不伸出袖口，左手隔着袖口捏住右手灭菌手套外面，右手捏手套折返部并穿上。右手插入左手手套折返部并后拉，左手戴上手套，折返部翻回盖住袖口。右手折返部同上。左右手先后并无规定，按各人习惯进行（图 3.7 至图 3.14）。

图 3.5　打开手术衣，并穿上

图 3.6　穿毕手术衣正面观

图 3.7　双手不伸出袖口

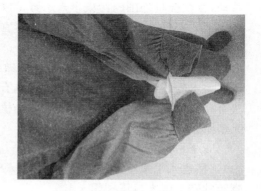

图 3.8　打开右手手套

图 3.9　右手穿入手套

图 3.10　打开左手手套

图 3.11　双手穿毕手套

图 3.12　穿毕手术衣及手套正面观 1

图 3.13　穿毕手术衣及手套正面观 2

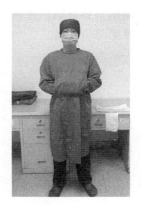

图 3.14　穿毕手术衣及手套正面观 3

4.无菌意识

手术进行过程中的无菌意识与以上灭菌准备同样重要。无论器械、人员、术野消毒的多么彻底,手术过程中无视无菌规则,会使一切无菌准备功亏一篑。

(1)手术时减少讲话和走动。

(2)手到肘,手术台以上至胸前区域务必保持无菌,尤其是手不要去触摸术野之外的地方。

(3)未消毒人员不应触碰已灭菌物品。

(4)创巾等隔离术部的物品应该是防水的。

(5)长时间手术(2 h以上),器械和纱布尽量不要裸露在空气中,用包巾遮盖较好。

无菌意识不是几条规则能够概括的,如果能够主动思考自己的操作是否污染了手术部位,一定能够总结出自己的无菌经验。

5.手术室管理

(1)无菌/清洁手术室和污染手术室要分开。

(2)清洁卫生,手术后立即使用消毒液擦洗手术台、器械台和地板上的污物。分类整理用过的物品。尽快清洗手术器械和用品。

(3)采用。紫外线照射消毒。紫外线只能对表面消毒,其穿透力很低。照射距离1 m以内效果较好。

每天所有手术开始前和结束后各消毒一次。每次不少于30 min。此时操作人员最好避开,以免灼伤眼睛和皮肤。

6.无菌技术练习

(1)清洗器械和打包手术包。

(2)使用全自动高压蒸汽灭菌器。

(3)手术部位准备。

(4)手术人员消毒。

实验四　打　　结

【实验目的】
1.熟练掌握外科手术常用的徒手打结方法。
2.熟练掌握外科手术常用的器械打结方法。

【实验内容】
打结是确保外科手术能够迅速、有效完成的最基本的技术环节。本实验主要通过演示与练习,达到熟练掌握左手单手打结、双手打结以及器械打结等外科手术常用打结方法的目的。

【实验对象】
打结模具。

【实验材料与器械】
丝线、聚乙醇酸(PGA)线、圆针、持针钳、手术镊、组织剪、剪线剪。

【实验步骤】
1.了解结的种类
常用的结有方结、三叠结和外科结。

(1)方结:又称平结。是手术中最常用的一种,用于结扎较小的血管和各种缝合时的打结。

(2)三叠结:又称加强结。是在方结的基础上再加一个结,共3个结,较为牢固,常用于有张力部位的缝合,大血管和肠线的结扎。

(3)外科结:打第1个结时绕2次,使摩擦面增大,第2个结不容易滑脱和松动。此结牢固可靠,多用于大血管、张力较大的组织和皮肤的缝合(图4.1)。

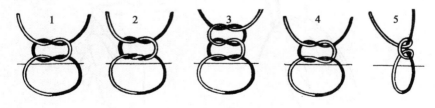

图 4.1　各种线结
1.方结　2.外科结　3.三叠结　4.假结(斜结)　5.滑结

2.练习并熟练掌握以下基本打结方法

（1）左手单手打结：是最为常用的一种打结方法，因手术中右手常用于持拿器械，故左手单手打结较为简便迅速（图4.2）。

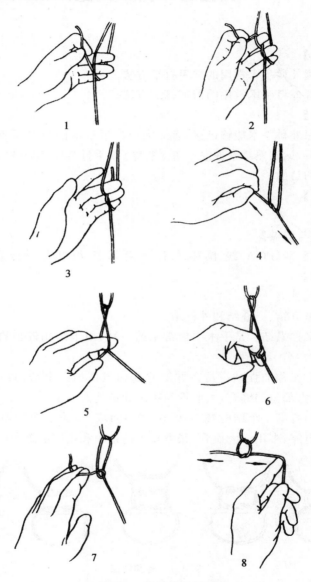

图 4.2　左手单手打结

（2）双手打结：除一般结扎外，常用于对深部或张力大的组织的缝合，较为方便可靠（图 4.3）。

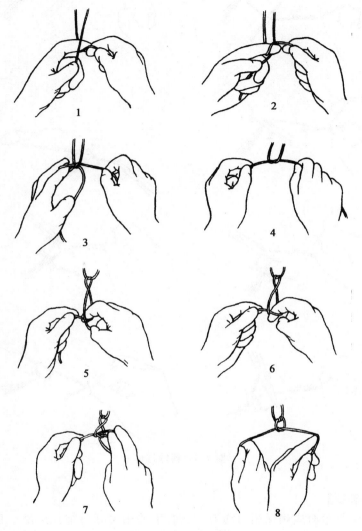

图 4.3　双手打结

（3）双手外科结：常用于张力较大的组织的缝合，效果牢固可靠。

（4）器械打结：用持针器或止血钳打结。适用于结扎线较短、狭窄的术部、创伤深处和某些精细手术的打结（图 4.4）。

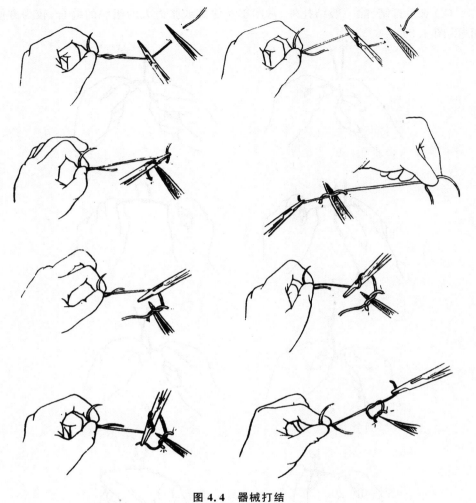

图 4.4　器械打结

【注意事项】

（1）打结收紧时应确保用力均匀，左、右手的用力点与结扎点呈一直线。打第2个结时，两手应交叉且不可提拉缝线，否则会出现假结或滑结。深部打结时用两手食指指尖抵住结旁两线，两手握住线端徐徐拉紧，否则易松脱。

（2）无论用何种打结方法，第1个结和第2个结的方向始终相反，否则即成假结。

实验五　缝　　合

【实验目的】

1. 了解缝合的基本原则。

2. 熟练掌握常用的各软组织缝合技术。

【实验内容】

缝合是将已切开、切断或因外伤而分离的组织、器官进行对合或重建其通道，保证良好愈合的手术基本技术。本实验主要通过演示与练习，了解缝合材料和缝合方法的种类以及各自的适用情况，熟练地掌握常用的外科手术缝合方法。

【实验对象】

猪小肠、假体缝合材料。

【实验材料与器械】

丝线、肠线、聚乙醇酸（PGA）线、圆针、三棱针、组织剪、剪线剪、新鲜猪小肠若干。

【实验步骤】

1. 练习并熟练掌握以下常用软组织缝合方法

（1）单纯间断缝合：又称结节缝合，是最常用的缝合方式。缝合时缝针由创缘一侧垂直刺入，于对侧相应的部位穿出打结。每缝1针，打结1次。缝合时，创缘要密切对合，缝线间距相等，打结在切口一侧，防止压迫切口。用于皮肤、皮下组织、筋膜、黏膜、血管、神经、胃肠道的缝合（图5.1）。

（2）单纯连续缝合：又称螺旋形连续缝合。是用一条缝线自始至终连续地缝合一个创口，最后打结。第1针和打结操作同结节缝合，以后每缝1针都应事先确保创缘对合，使用同一缝线以等距离缝合，拉紧缝线，最后留下线尾，在一侧打结。常用于具有弹性、无太大张力的较长创口。用于皮肤、皮下组织、筋膜、血管、胃肠道缝合（图5.2）。

（3）表皮下缝合：缝针从创缘一端开始刺入真皮下，再翻转缝针刺入另一侧真皮，在组织深处打结。再应用连续水平褥式缝合，最后缝针翻转刺向对侧真皮下打结，将线结埋置于深部组织内。适用于小动物表皮下缝合，常选择可吸收性缝合材料（图5.3）。

图 5.1　单纯间断缝合

图 5.2　单纯连续缝合

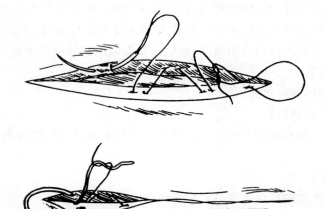

图 5.3　表皮下缝合

(4)十字缝合:缝针从一侧至另一侧先做结节缝合,第 2 针平行第 1 针再由一侧至另一侧穿过切口,然后将缝线的两端在切口上交叉成 X 形,拉紧打结。用于张力较大的皮肤缝合(图 5.4)。

(5)连续锁边缝合:这种缝合方法与单纯连续缝合基本相似,只是在缝合时每次需将缝线交锁。此种缝合可以使每一针缝线在进行下一次缝合前就得以固定,使创缘对合良好。多用于皮肤直线形切口及薄而活动性较大的部位缝合(图 5.5)。

(6)伦伯特氏缝合:又称垂直褥式内翻缝合。分为间断和连续两种,常用于胃肠道或膀胱缝合时闭合浆膜肌层。

伦伯特氏间断缝合:缝线分别穿过切口两侧浆膜及肌层即行打结,使部分浆膜内翻对合(图 5.6)。

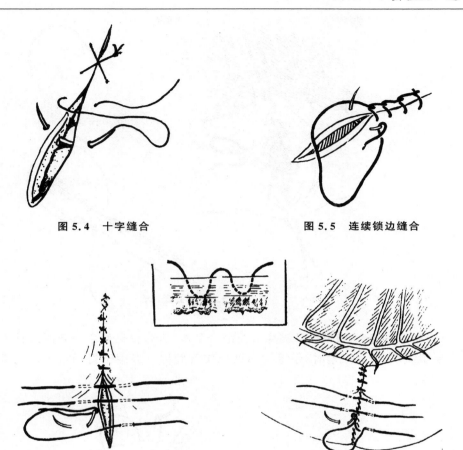

图 5.4　十字缝合　　　　　　　　图 5.5　连续锁边缝合

图 5.6　伦伯特氏间断缝合

伦伯特氏连续缝合：于切口一端开始，先做一浆膜肌层间断内翻缝合，再用同一缝线做浆膜肌层连续缝合至切口另一端(图 5.7)。

(7)库兴氏缝合：又称连续水平褥式内翻缝合。该缝合于切口一端开始先做一浆膜肌层间断内翻缝合，再用同一缝线平行于切口做浆膜肌层连续缝合至切口另一端。适用于胃、子宫、膀胱浆膜肌层缝合(图 5.8)。

图 5.7　伦伯特氏连续缝合

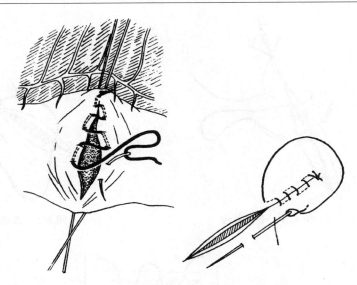

图 5.8　库兴氏缝合

（8）康乃尔缝合：该缝合法与库兴氏缝合基本相同，仅区别于缝合时缝针要贯穿全层组织，当缝线拉紧时，创缘切面即翻向管腔内。多用于胃、肠、子宫壁缝合（图 5.9）。

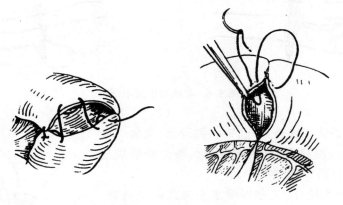

图 5.9　康乃尔缝合

（9）荷包缝合：即环状的浆膜肌层连续缝合。主要用于胃肠壁或膀胱壁上小范围的内翻缝合，如小的胃肠穿孔或小的膀胱结石手术切口的浆膜肌层缝合，也用于胃肠引流时的固定等缝合（图 5.10）。

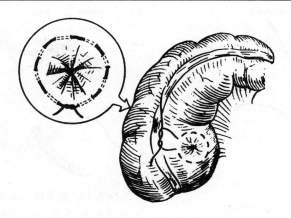

图 5.10 荷包缝合

(10)间断垂直褥式缝合:是一种张力缝合。针刺入皮肤,距离创缘约 8 mm,创缘相互对合,越过切口到相应对侧刺出皮肤。然后缝针翻转在同侧距切口约 4 mm 处刺入皮肤,越过切口到相应对侧距切口约 4 mm 处刺出皮肤,与另一端缝线打结。该缝合要求缝针必须刺入皮肤真皮下,接近切口的两侧刺入点要求接近切口,这样皮肤创缘对合良好,不能外翻(图 5.11)。

图 5.11 间断垂直褥式缝合

(11)间断水平褥式缝合:是一种张力缝合。针刺入皮肤时,距离创缘 2～3 mm,创缘相互对合,越过切口至对侧相应部位刺出皮肤,然后使缝线与切口平行向前约 8 mm,再刺入皮肤,越过切口至相应对侧刺出皮肤,与另一端缝线打结。该缝合要求缝针必须刺在真皮下,不能刺入皮下组织,这样皮肤创缘才能对合良好,不出现外翻(图 5.12、图 5.13)。

图 5.12　间断水平褥式缝合

图 5.13　水平褥式缝合的位置
A.正确缝合位置　B.不正确缝合位置

　　(12)近远-远近缝合：是一种张力缝合。第 1 针接近创缘垂直刺入皮肤，越过创底，至对侧距切口较远处垂直刺出皮肤。翻转缝针，越过创口至第 1 针刺入侧距创缘较远处垂直刺入皮肤，越过创底，至对侧距创缘近处垂直刺出皮肤，与第 1 针缝线末端拉紧打结(图 5.14)。

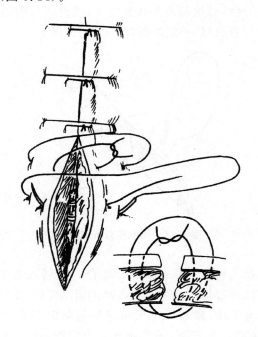

图 5.14　近远-远近缝合

2.练习剪线和拆线

正确的剪线方法为"一靠、二滑、三斜、四剪",即术者打结结束后,将双线尾提起,略偏身体左侧,助手用稍张开的剪刀尖沿着拉紧的缝线滑至结扣处,再将剪刀稍向上倾斜,然后剪断。这样留线的长度即为刀刃宽度,通过调整剪刀可得到合适、均一的线头。理论上,为减少组织的反应,应在确保线结牢固的基础上尽可能将线端留短,但肠线和聚乙醇酸线应适当留长,以避免线结滑脱(图5.15)。

拆线是指拆除皮肤缝线。缝线拆除的时间一般为术后的7~8 d,但当出现营养不良、贫血、老龄家畜、缝合部位活动性较大、创缘呈紧张状态等情况时,应适当延长拆线时间。当创伤已化脓或创缘已被缝线撕断不起缝合作用时,可根据创伤的治疗需要随时拆除全部或部分缝线。

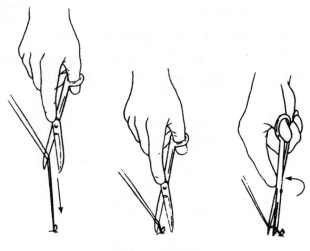

图 5.15　剪线法

正确的拆线方法是:①用碘酊消毒创口、缝线及创口周围皮肤后,将线结用镊子轻轻提起,剪刀插入线结下,紧贴针眼将线剪断;②拉出缝线,拉线方向应朝向拆线的一侧,动作应轻巧,否则可能将伤口拉开;③再次用碘酊消毒创口及周围皮肤(图5.16)。

【注意事项】

(1)缝合应严格遵守无菌操作。缝合前必须彻底止血,清除血凝块、异物及坏死的组织。缝合时应同层组织相缝合,进针和出针的位置应彼此相对,针距相等,并且确保两针孔之间有一定的抗张距离。缝合后,创缘、创壁应互相均匀对合,皮肤创缘不得内翻,创伤深部不应留有死腔。

（2）对于化脓感染创和具有深创囊的创伤可不缝合,或必要时做部分缝合。已缝合的创伤,若在手术后出现感染症状,应立即拆除缝线,以便于创液的排出和创伤的愈合。

（3）要根据缝合材料的特性、具体手术的部位和情况的需要选择适宜的缝合材料和缝合方法,应确保缝合的严密性以及缝线能够达到所需要承受的张力,并尽可能地减小由缝线引起的组织反应。

（4）使用肠线之前应先在温生理盐水中浸泡片刻,待其柔软后再用,以防止因线质过硬而影响打结的效果;但浸泡的时间也不宜过长,以免肠线膨胀易断。不可用持针器、止血钳夹持线体,否则肠线易断。使用肠线和聚乙醇酸缝线打结均应打加强结,以防止线结松脱。另外,丝线不能用于管腔器官的黏膜层缝合,也不能用于缝合被污染或感染的创伤。

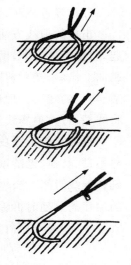

图 5.16　拆线法

实验六　局部麻醉技术

【实验目的】

1.掌握局部麻醉的操作技术。

2.感性认识局部麻醉药的麻醉作用。

【实验内容】

1.掌握常用的几种局部麻醉药及其使用剂量。

2.掌握表面麻醉、局部浸润麻醉的操作技巧和要领。

3.了解传导麻醉、脊髓麻醉的操作方法。

【实验对象】

实验动物(犬、牛)。

【实验材料与器械】

注射器、绷带、盐酸普鲁卡因、盐酸利多卡因、70％酒精、脱脂棉球。

【实验方法与步骤】

1.实验步骤

将实验动物分成 3 组,每组按顺序进行表面麻醉、局部浸润麻醉、传导麻醉和硬膜外腔麻醉(脊髓麻醉)。

麻醉前先对动物的呼吸、心率、体温、瞳孔反射、疼痛反射等生理指标进行观察。

麻醉后对实验动物进行观察。

2.具体方法

(1)表面麻醉。

①结膜和角膜的麻醉:使用 2％的利多卡因溶液眼部用药,滴入结膜囊内对结膜和角膜进行麻醉,每隔 5 min 用药 1 次,每次 1～2 滴,共 2～3 次。

②气管内插管:常使用利多卡因凝胶,涂抹在气管插管的末端,再行气管内插管,可以防止气管插管插入后引发咳嗽。

③导尿:常使用利多卡因凝胶,涂抹在导尿管的末端或者阴茎的尿道口处,可用于结石引起的尿道阻塞的导尿。

（2）局部浸润麻醉。

局部浸润麻醉可用于简单切除体表肿物、清创或者创口缝合、剖腹产切开和幼犬断尾。

①肿物和创伤：手术部位剃毛、消毒。小动物使用 1～1.5 英寸（1 英寸＝2.54 cm）的 22 号的针头。入针部位与皮肤呈锐角进入，先注射入皮内，以皮内隆起为宜；然后继续向下进入皮下组织。麻醉药液作用 10 min 后再开始进行手术操作。注射的方法与方式有多种，如图 6.1 和图 6.2 所示。

②剖腹产切开：适用于犬的剖腹产术，常用 1 英寸的 22 号针头，刺入角度与皮肤呈锐角。第 1 层刺入表皮深层，并使表皮隆起；第 2 层刺入皮下组织；第 3 层刺入肌肉，边退针边注射药物。20 磅的犬需要约 3 mL 2％的利多卡因。

③断尾术：沿着要截断的部位附近做环状浸润麻醉。

注意：断尾部位不要注射过多的麻醉药物，以免发生中毒；避免使用血管收缩素。

（3）传导麻醉。

因为保定的问题，小动物很少进行传导麻醉，大动物较多，多进行腰旁神经传导麻醉。使用 2％的盐酸利多卡因或 2％～5％的盐酸普鲁卡因在神经干周围注射，所用的麻醉药浓度及用量常与所麻醉的神经大小成正比。大动物常用有腰旁神经、椎旁神经以及四肢的神经干的传导麻醉。

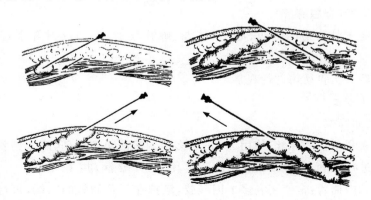

图 6.1　局部浸润麻醉的注射方法

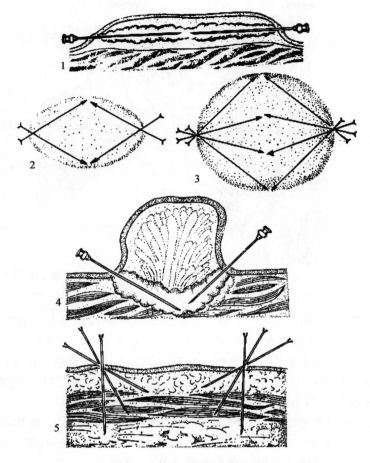

图 6.2　浸润麻醉的注射方式

①腰旁神经传导麻醉:同时传导麻醉最后肋间神经、髂下腹神经与髂腹股沟神经,分 3 个点刺入。牛的进针位置为"1、2、4,前、后、前",马的进针位置为"1、2、3,前、后、后"(图 6.3)。

a.最后肋间神经刺入点:马、牛刺入部位相同。用手触摸第 1 腰椎横突游离端前角,垂直皮肤进针,伸达腰椎横突前角的骨面,将针尖沿前角骨缘再向前下方刺入 0.5～0.7 cm,注射 3% 的盐酸普卡因溶液 10 mL 以麻醉最后肋间神经。注射时应左右摆动针头,使药液扩散面扩大。然后提针至皮下,再注入 10 mL 药液,以麻醉最后肋间神经的浅支。营养良好的动物,可在最后肋骨后缘 2.5 cm、距脊中线 12 cm 处进针。

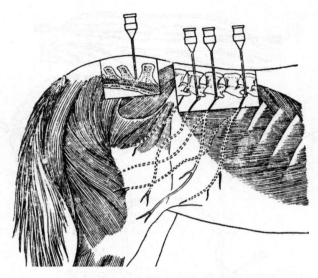

图6.3　腰旁神经传导麻醉

　　b. 髂下腹神经刺入点：马、牛刺入点相同。用手触摸第2腰椎横突游离端后角，垂直皮肤进针，深达横突骨面，将针沿横突后角骨缘再向下刺入0.5～1 cm，注射药液10 mL，然后将针退至皮下再注射药液10 mL，以麻醉第1腰神经浅支。

　　c. 髂腹股沟神经刺入点：马在第3腰椎横突游离端后角进针。牛在第4腰椎横突游离端前角或后角进针，其操作方法和药液注射量相同。

　　②牛、马的椎旁神经传导麻醉：麻醉最后胸神经和第1、第2腰神经在椎管的椎间孔出口处的神经，可阻断该神经及交感神经的交通支连接处，使广泛的腹壁感觉消失，相应的内脏传导暂停。刺入点较易确定，麻醉时间可维持2 h左右。

　　a. 最后胸神经传导麻醉刺入点：用手触摸最后肋骨后缘，距背中线5～7 cm处垂直进针，在皮下注射3‰的盐酸普鲁卡因3～5 mL，使刺入点麻醉，以防针刺时因动物骚动而折断针头。然后将针向前刺达最后肋骨后缘的肋骨与脊椎接合处，刺入6～8 cm深，针尖抵肋骨结节；将针后退0.5～1 cm，再将针尖后移0.5～1 cm，再将针尖深推2 cm，至腰椎横突间韧带，即达神经干，注射药液15～20 mL。

　　b. 第1腰神经传导麻醉刺入点：触摸第1腰椎横突后缘，距背中线5 cm处为刺入点。垂直进针5～7 cm，当针抵横突基部骨后缘，略向后移再推进针0.5 cm，注射药液15～20 mL。

　　c. 第2腰神经传导麻醉刺入点：触摸第1腰椎横突后缘，操作方法同第1腰椎神经。

（4）硬膜外麻醉。

　　硬膜外麻醉的适应症为犬、猫的后肢手术、难产救助以及尾部、会阴、阴道、直肠与膀胱的手术。犬、猫的硬膜外腔麻醉，以腰、荐椎间隙最为常用。注射部位在L7～S1（第 7 腰椎至第 1 荐椎），S3～Cy1（第 3 荐椎至第 1 尾椎），Cy1～2（第 1、第2 尾椎间）。一般在进行硬膜外腔注射后的 2～10 min 开始出现镇痛效果，尾部和肛门松弛，后肢站立不稳，可用针刺局部麻醉部位的皮肤以检查镇痛的效果。同时使用 1∶10 000 的肾上腺素能引起血管收缩，延缓药物的代谢，从而延长麻醉时间。但犬不常用。硬膜外麻醉注射部位如图 6.4 所示，麻醉的剂量如表 6.1 所示。

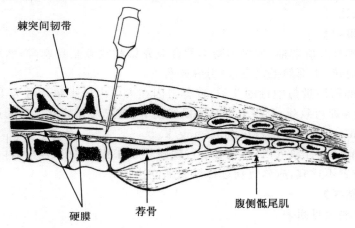

图 6.4　硬膜外麻醉注射部位

表 6.1　硬膜外腔麻醉的剂量

麻醉药物	浓度/%	肾上腺素	犬	猫	维持时间/min	犬用针头型号
普鲁卡因	1	无	1 mL/5 lbs.	1 mL/5 lbs.	15～20	幼犬:3/4 英寸的 24 号
	2	无	1 mL/5 lbs.	1 mL/5 lbs.	20～25	中型犬:1.5 英寸 20 号
	2.5	1∶10 000	1 mL/5 lbs.	1 mL/5 lbs.	25～35	大型犬:3 英寸 20 号
			体重超过			
			20 bls.			
			应该减量			
利多卡因	2	1∶10 000	2～10 mL	2 mL		

1 lb＝0.45 kg。

①注射部位:注射点位于两侧髂骨翼内角横线与脊柱正中轴线的交点,在该处最后腰椎棘突顶和紧靠其后的相当于腰荐孔的凹陷部。

②保定和注射方法:一种保定方法为助手用一侧手臂夹住犬的头部,再用双手握住犬膝关节处;另一种是助手保定住犬前3/4的躯体,让犬的后1/4在诊台的边缘有一定的弧度站立。术者左手大拇指和中指压住尾部,食指触诊并标记注射部位。呈锐角入针,以注射部位皮肤出现突起为宜。针头穿透椎间韧带时会有阻力突然消失的感觉,此时再向下刺入直至椎管,继续向下刺入1/8英寸。回抽注射器如果无血液出现,则可以注射。注射麻醉药时,应该感觉无任何阻力,如果有阻力应重新扎入注射。

【注意事项】

(1)硬膜外腔麻醉前,如果动物不配合应先镇静或者全身麻醉,然后再让动物俯卧,后肢前拉,术部剃毛消毒,注射麻醉药。

(2)麻醉药用量与中毒的关系:普鲁卡因在犬体内最小致死量为100 mg/kg,静脉给药5 s即可致死;利多卡因在小鼠经皮下、腹膜内和静脉给药的最小致死量分别为48 mg/kg、170 mg/kg和360 mg/kg。

(3)浸润麻醉针注入皮内,或者进行硬膜外腔麻醉时,如果注射器内出现血液,表明针刺位置不适宜,应该重新选择针刺部位。

【实验结果】

麻醉监测表见附表。

实验七　肌肉注射麻醉实验

【实验目的】

1.掌握麻醉各时期的机体特征。

2.了解不同麻醉药对机体的不同麻醉效果,并理解药物不同,分期体征也不同的意义。

3.加深对麻醉概念的理解。

【实验内容】

1.掌握麻醉药陆眠宁(盐酸赛拉嗪)、舒泰药性和临床使用。

2.掌握麻醉前给药的重要性。

3.掌握麻醉监护的要领。

【实验材料与器械】

陆眠宁、舒泰、阿托品、听诊器、体温计、注射器、酒精棉球、绷带(根据实际情况可选用其他的药物进行实验)。

【实验对象】

实验动物(犬)。

【实验方法、步骤和操作要领】

1.实验方法

将实验动物分为 3 组,A 组单纯陆眠宁,B 组阿托品＋陆眠宁,C 组阿托品＋舒泰。除 A 组外,B 组、C 组先注射阿托品 0.02～0.05 mg/kg,15 min 后再注射陆眠宁或舒泰。然后每隔 5 min 监测一下各项指标。B 组、C 组在麻醉 2 h 后进行苏醒宁注射。观察所有实验组动物苏醒的时间和动物的体征。

2.实验步骤

(1)称重。

(2)麻醉前检测动物的生理指标。

(3)麻醉前给药:B 组、C 组给予阿托品,0.02～0.05 mg/kg,15 min 后注射麻醉药。

（4）注射麻醉药：B组陆眠宁，C组注射舒泰，A组直接注射陆眠宁。

（5）监测实验动物的各项生理指标，每隔 5 min 1 次。

（6）B组、C组在麻醉 2 h后进行苏醒宁注射。A组等待动物苏醒。观察所有实验组动物苏醒的时间和动物的体征。

（7）将实验前后的数据进行对比，书写实验报告与体会。

3.操作要领

（1）麻醉监护的内容。

①手术动物的监护：麻醉监护的目的在于及早发觉机体生理平衡异常，以便能及时治疗。麻醉监护可借助人的感官和特定监护仪器观察、监察和记录器官的功能改变。监护的重点在诱导麻醉和手术准备期间。

②诱导麻醉期的监护：此时期监护应监察脉搏、黏膜颜色、毛细血管再充盈时间以及呼吸深度与频率。此外，还应该观察动物是否发生呕吐。

③手术期间的监护。

a.麻醉深度：取决于手术引起的疼痛刺激程度。监测眼睑反射、眼球位置和咬肌紧张度、呼吸频率及血压的变化。

b.呼吸：几乎所有的麻醉药均抑制呼吸，监护呼吸具有特殊意义。主要监测呼吸的通畅度、呼吸频率、呼吸的幅度和黏膜的颜色等指标，有条件的还可以对潮气量、动脉血气分析、二氧化碳分压和血氧饱和度等进行监测。

c.循环系统：综合脉搏、心率、节律和毛细血管充盈时间、血压等指标综合评价心脏功能。

d.全身状态：注意神志变化，痛觉反应以及其他的反射。

e.体温变化：动物麻醉时体温一般会下降 1～2℃或 3～4℃，体温监测以直肠内测量为宜。

f.体位变化：体位变化有可能会影响呼吸。

（2）陆眠宁临床应用。

陆眠宁可用于手术麻醉，在犬、猫广泛应用，也可用于马、牛、羊、熊、兔、猴和鼠等。使用剂量为犬 0.1～0.15 mL/kg，猫、兔 0.1～0.12 mL/kg，马 0.01～0.015 mL/kg，牛 0.005～0.015 mL/kg，羊、猴 0.1～0.15 mL/kg。陆眠宁对心血管和呼吸系统有一定的抑制作用，特效解救药为陆醒宁，以 1：（0.5～10）（体积比）静脉或肌肉注射给药。

（3）舒泰的临床应用。

根据动物的全身状态和需要选择麻醉剂量。犬使用舒泰的剂量如表7.1所示。

表7.1 犬用舒泰的使用剂量   mg/kg

临床要求	肌肉注射	静脉注射	追加剂量
镇静	7～10	2～5	
小手术（<30 min）	4	7	
小手术（>30 min）	7	10	
大手术（健康犬）	5（麻醉前给药）	5	
大手术（老龄犬）		2.5（麻醉前给药），5	5
器官插管（诱导麻醉）		2	2.5

舒泰对机体的影响如下。

①体温易降低。

②抑制心血管功能，使心率、血压升高。

③使用舒泰后30～120 min内动物苏醒，苏醒后动物的肌肉协调性恢复快。

④可用于癫痫、糖尿病和心脏功能不佳的动物的麻醉。

（4）麻醉前给药。

麻醉前给药可明显减少呼吸道和唾液腺的分泌，使呼吸道保持通畅；降低胃肠蠕动，防止麻醉时呕吐；阻断迷走神经反射，预防反射性心率减慢或骤停。常用麻醉前给药：阿托品，0.02～0.05 mg/kg，皮下注射；格隆溴铵，1 mg/kg，皮下注射。

【注意事项】

（1）麻醉监护是治疗的基础，因而麻醉监护需要按系统进行，其结果才可靠。

（2）在实验过程中，分工合作要明确合理，有条不紊。

（3）皮下注射的部位通常在颈部或背部皮肤。

（4）肌肉注射的部位，在股四头肌或腰椎两侧的腰背肌或前肢的臂三头肌，避免注射股背侧肌群，以防止损伤坐骨神经。肌肉注射比较疼，注意保定。

（5）动物的正常生理指标，见表7.2。

表 7.2　犬、猫的正常生理指标

指标参数	犬	猫
心率/(次/min)	50～100	145～100
呼吸频率/(次/min)	10～20	15～25
体温/℃	37.5～39.2	37.8～39.2
动脉血氧饱和度/%	＞95	＞95
收缩压	120～140 mmHg (15.8～18.4 kPa)	120～140 mmHg (15.8～18.4 kPa)
舒张压	80～100 mmHg (10.5～1.3 kPa)	80～100 mmHg (10.5～1.3 kPa)
平均动脉压	100～110 mmHg (1.3～14.5 kPa)	100～110 mmHg (1.3～14.5 kPa)
二氧化碳分压	18～49 mmHg (3.7～6.4 kPa)	35～49 mmHg (4.6～6.4 kPa)
氧分压	＞100 mmHg (＞1.3 kPa)	＞100 mmHg (＞1.3 kPa)

注:摘自 Chris Seymour ,BSAVA Manual of Small Animal Aneasthesia and Anagesia,1999. Page 43.

【实验结果和体会】

　　麻醉监测表见附表,将实验结果制成曲线图,并说明。

实验八　吸入麻醉实验

【实验目的】

1.了解并掌握吸入麻醉技术的操作方法。

2.学会根据各种临床体征监控麻醉深度。

【实验内容】

1.吸入麻醉机的组成。

2.吸入麻醉的主要步骤。

3.气管插管的操作技术和技术要领。

【实验材料与器械】

异氟醚、阿托品、舒泰、气管插管、10 mL 注射器 2 个、绷带卷、止血绷带、吸入麻醉机、氧源。

【实验对象】

实验动物(犬)。

【实验方法、步骤和操作要领】

1.实验方法

动物麻醉前给药,15 min 后进行诱导麻醉,麻醉确实之后进行气管插管,成功后立即接上吸入麻醉机,麻醉 30 min,记录观察动物麻醉中的状态。

2.实验步骤

(1)麻醉前给药。

(2)吸入麻醉的主要步骤。

(3)检查机器。

①打开氧源,调节减压阀使压力在 0.2~0.4 MPa;检查快速供氧通路是否漏气。

②打开电源,检查呼吸机是否正常工作,如无异常,根据动物和手术需要调节好潮气量和呼吸频率以及呼吸比。

③检查碱石灰是否已经无效,添加适量的吸入麻醉药。

④检查呼吸回路中的气囊是否正常工作;打开快速供氧的开关,检查气囊是否能够充盈,挤压气囊回路的吸气瓣是否打开。

（4）诱导麻醉：丙泊酚 3～5 mg/kg。

（5）气管插管：待动物会厌反射消失，使实验动物俯卧，用绷带将动物的口腔张开，向外牵拉舌头，暴露会厌软骨。可用压舌板或者咽喉镜向下压住会厌软骨，当能看见气管入口处时，立即插入气管插管，并将气囊充气固定气管插管，接上氧源和麻醉药混合气体（图 8.1）。

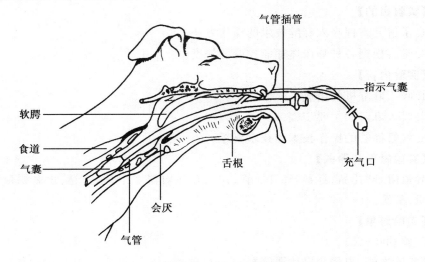

图 8.1　气管插管示意图

（6）在动物口腔中塞入大小合适的绷带卷，并用绷带将其固定在口腔中，以防止犬苏醒时咬破气管插管。

（7）给予麻醉药和氧气混合气体。

（8）麻醉监测：每 5 min 监测 1 次，根据麻醉深度调节麻醉药浓度并演示呼吸机的使用。

（9）30 min 后，停止吸入异氟醚，给予纯氧。

（10）根据动物的会厌反射的恢复情况，适时拔除气管插管。

（11）观察记录动物苏醒过程及其表现。

3. 操作要领

（1）吸入麻醉机的组成：氧源（氧气瓶、氧气总阀门和减压阀）、蒸发罐、氧气流量计、氧气压力表、气道压力表、呼吸回路、呼吸机二氧化碳吸收装置。循环紧闭式的呼吸回路如图 8.2 所示。

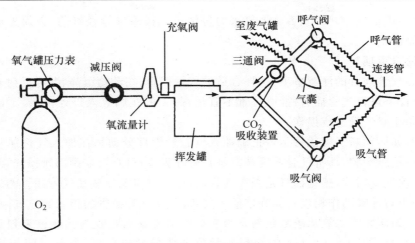

图 8.2　呼吸回路

（2）了解吸入麻醉药的性质。

安氟醚——不刺激呼吸道,气管腺和唾液腺的分泌物明显增加。对心肺功能影响比异氟醚大,高浓度吸入可抑制呼吸,使呼吸频率和潮气量均有所减少。

异氟醚——无色稍有刺激性的挥发气体,吸入时不会引起强烈反抗。对呼吸系统有一定的抑制作用,可以影响动物的通气量。对肝肾影响较小,肌松好,诱导平稳而快,苏醒也快,术后复原好,很少有不良副作用。

（3）氧流量的控制,见表 8.1。

表 8.1　氧流量的控制

吸入麻醉系统	动物体重/kg	氧流量/(mL/min)
循环紧闭式		10～15
低流量循环紧闭式	7～8	4～500
半紧闭式	18～45	750

诱导麻醉后吸入麻醉的初始浓度一般为 4％～5％,氧气的浓度通过分钟通气量给予评价（分钟通气量 ＝ 呼吸频率 × 潮气量）,然后根据动物的麻醉深度调节麻醉药浓度和氧气流量。

（4）对气管插管的检查:首先检查大小是否合适,其次检查气囊是否漏气,如果是再次循环利用还要检查是否已经清洁消毒。

（5）动物拔除气管插管的体征:动物恢复会厌反射即可以拔除气管插管。动物可能会出现呛咳、吞咽,及舌头恢复张力等情况。拔除气管插管前,必须先抽出气囊内的气体。

【注意事项】

(1)气管插管的注意事项:选择合适的气管插管;在动物镇静、咽喉反射基本消失的条件下进行气管插管;插管位置不宜过深,一般在胸腔入口处;气囊不能过度充盈,防止对气管造成损伤。

(2)如何判断气管插管是否正确插入气管?大部分动物在插入气管插管时会有呛咳;按压胸腔,耳听气管插管端口是否有呼吸音;可直接在颈部触摸气管,然后稍微活动气管插管,感觉插管是否在气管内;也可以将毛发放在气管插管的端口观察其是否与呼吸动作相应。如确定插入气管内,将气管插管的指示囊充气固定。

(3)如何判断二氧化碳吸收剂是否有效?通常根据吸收剂的颜色来判断。如果是碱石灰,若有 1/3～1/2 的碱石灰颜色由淡粉变成白色,则此时应该更换吸收剂。

(4)更换吸收剂时,不要将吸收罐全部填满,以避免增加吸收不良的死腔;要保持吸收剂平整。

【实验结果和体会】

对比注射麻醉与吸入麻醉在操作和麻醉效果上的不同之处。

实验九　眼部手术

Ⅰ.眼睑内翻矫正术

【实验目的】

1.复习眼睑内翻的相关知识。

2.练习眼睑内翻矫正术的手术方法。

【实验内容】

学习眼睑内翻矫正术的手术方法。

【实验材料与器械】

常规注射麻醉药(陆眠宁、舒泰)、常规手术器械、氯霉素眼药水、红霉素眼药膏、酒精、碘伏等。

【实验对象】

临床健康实验犬。

【实验步骤】

(1)实验犬进行肌肉注射全身麻醉,进入麻醉状态后,对眼部进行术前准备。使用红霉素眼药膏保护角膜后,眼睑及周围皮肤剃毛,轻轻刷去毛发,避免损伤眼睑组织。用氯霉素眼药水冲洗结膜囊。用浸润过碘伏的棉花棒或软的手术海绵对术部皮肤进行消毒。不要使用肥皂、清洁剂或酒精,以免损伤角膜。

(2)眼睑内翻的矫正方法有很多种,如眼睑折叠术、霍茨-塞耳萨斯(Hotz-Celsus)手术、改良箭头式霍茨-塞耳萨斯手术等。以 Hotz-Celsus 手术矫正下眼睑内翻为例进行操作练习。术式如下。

用组织镊夹起眼睑内翻部位的皮肤,估计需要切除的椭圆形皮肤的大小。把 Jeager 眼睑垫板(可用镊子柄代替)放入下眼睑的结膜穹隆内,以固定眼睑,轻推使眼睑展开。在距离睑缘 3 mm 处,沿内翻眼睑切开。在距离第 1 道切口足够远处,做第 2 道新月形的皮肤切口,以矫正眼睑内翻。切除两道切口之间的条状皮肤,不要切除眼轮匝肌或睑结膜。用 4-0 或 5-0 的可吸收缝线结节缝合皮肤,闭合创口。缝合首先从中间开始,以使皮肤更精确地对合。当进行第 2 道缝合时,分离剩余缺陷,使缝合的最终间距为 2～3 mm(图 9.1)。剪短朝向角膜的缝线末端,以免刺激角膜。创口及患眼涂布红霉素眼药膏。

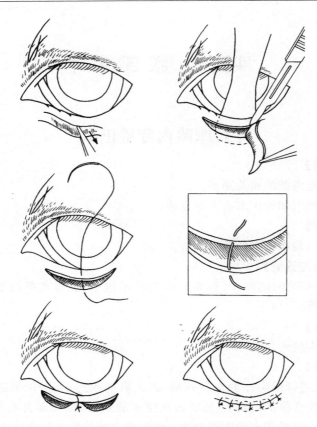

图 9.1　霍茨-塞耳萨斯（Hotz-Celsus）手术

（3）术后护理：给予镇痛药，眼部局部应用抗生素治疗。佩戴伊丽莎白圈，防止动物磨蹭、抓挠术部。术后眼睑肿胀逐渐减小到最小，48 h 内消失。由于炎症和水肿，手术后会出现眼睑暂时性外翻，因此在肿胀消退（5～7 d）后才能评价矫正是否充足。如果矫正不足，需重复操作。术后 10～12 d 拆线。

Ⅱ.眼睑外翻矫正术

【实验目的】
1.复习关于眼睑外翻的知识。
2.练习眼睑外翻矫正术的手术方法。
【实验内容】
学习眼睑外翻矫正术的手术方法。

【实验材料与器械】

常规注射麻醉药(陆眠宁、舒泰)、常规手术器械、氯霉素眼药水、红霉素眼药膏、酒精、碘伏等。

【实验对象】

临床健康实验犬。

【实验步骤】

(1)实验犬进行肌肉注射全身麻醉,进入麻醉状态后,对眼部进行术前准备。使用红霉素眼药膏保护角膜后,眼睑及周围皮肤剃毛,轻轻刷去毛发,避免损伤眼睑组织。用氯霉素眼药水冲洗结膜囊。用浸润过碘伏的棉花棒或软的手术海绵,对术部皮肤进行消毒。不要使用肥皂、清洁剂或酒精,以免损伤角膜。

(2)眼睑外翻的矫正方法有很多种,如眼睑环锯术、眼睑楔形切除术、结膜切除术、V-Y矫正术、改良式库-希手术法、外侧睑成形术等。以V-Y矫正术矫正下眼睑外翻为例进行操作练习,术式如下(图 9.2)。

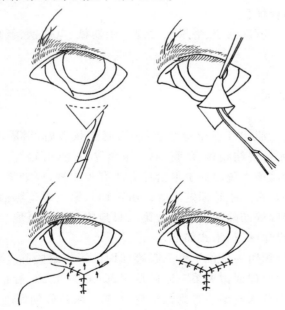

图 9.2　V-Y 矫正术

由睑缘下方向远侧做 V 形切口,宽度稍微超过睑外翻的部位。剥离接近眼睑基部的皮瓣,并切除所有的瘢痕组织。在 V 形切口的最末端开始缝合(4-0 到 6-0 可吸收缝线),从正中到侧面缝合,形成 Y 形的茎部。Y 形茎部的长度取决于需要提起的睑缘的量,使眼睑到达正常部位。当眼睑到达预期的部位时,缝合 Y 两臂的皮肤创口。

(3)术后护理:给予镇痛药,眼部局部应用抗生素治疗。佩戴伊丽莎白圈,防止动物磨蹭、抓挠术部。术后眼睑肿胀逐渐减小到最小,48 h 内消失。由于炎症和水肿,手术后会出现眼睑暂时性外翻,因此在肿胀消退(5～7 d)后才能评价矫正是否充足。如果矫正不足,需重复操作。术后 10～12 d 拆线。

Ⅲ. 第三眼睑腺脱出切除术

【实验目的】

1. 复习关于第三眼睑腺增生脱出的知识。

2. 练习第三眼睑腺切除的手术方法。

【实验内容】

学习第三眼睑腺切除术的手术方法。

【实验材料与器械】

常规注射麻醉药(陆眠宁、舒泰)、常规手术器械、电烙铁、氯霉素眼药水、红霉素眼药膏等。

【实验对象】

临床健康实验犬。

【实验步骤】

(1)实验犬进行肌肉注射全身麻醉,进入麻醉状态后,对眼部进行术前准备。使用氯霉素眼药水冲洗结膜囊、角膜、第三眼睑等(彩图 9.1)。

(2)第三眼睑腺增生脱出的手术治疗方法有很多种,例如第三眼睑腺切除术、第三眼睑腺包埋术、第三眼睑固定术等。由于切除第三眼睑腺后易导致患眼发生干眼病,故第三眼睑腺切除术已逐渐被第三眼睑腺包埋术所取代。以第三眼睑腺切除术为例进行操作练习,术式如下。

用创巾钳或组织钳夹持位于第三眼睑球面的第三眼睑腺,将其牵出睑裂。用止血钳紧贴第三眼睑球面钳夹第三眼睑腺根部(彩图 9.2),沿止血钳剪去第三眼睑腺。用氯霉素眼药水浸湿纱布遮盖角膜,对第三眼睑腺创面进行烧烙止血,止血过程中不断向纱布上滴注氯霉素眼药水以保持纱布湿润,防止角膜被烫伤(彩图 9.3)。创面充分止血后,慢慢松开止血钳。氯霉素眼药水冲洗术眼,结膜囊及角膜涂布红霉素眼药膏(彩图 9.4)。

(3)术后护理:佩戴伊丽莎白圈防止动物磨蹭、抓挠术部。眼部用抗生素眼药水或眼药膏。第三眼睑腺切除术后复发较少见。

Ⅳ. 眼角膜缝合术

【实验目的】

1. 复习关于角膜缝合的知识。

2. 练习角膜缝合的手术方法。

【实验内容】

学习角膜缝合的手术方法。

【实验材料与器械】

常规注射麻醉药(陆眠宁、舒泰)、常规手术器械、眼睑开张器、眼科持针器、眼科镊、6-0 以下的可吸收无损伤缝线、氯霉素眼药水、生理盐水等。

【实验对象】

临床健康实验犬。

【实验步骤】

(1)实验犬进行肌肉注射全身麻醉,进入麻醉状态后,用氯霉素眼药水冲洗待手术眼的角膜及结膜囊进行消毒。放置眼睑开张器使上下眼睑开张,显露眼球。

(2)在角膜正中用刀片做一约 1 cm 的直线切口切开角膜全层。

(3)用等渗盐溶液冲洗角膜防止干燥,用 6-0 到 9-0 的 PGA 或 Vicryl 可吸收无损伤缝线结节或简单连续缝合对合角膜。缝合间距 1 mm,缝线穿过角膜全层的 75%～90%,缝合的进针和出针垂直角膜表面,距离创缘 1～2 mm。如果前房萎陷,当缝合到最后一针时,向前房注射等渗盐溶液,以改良前房。如果前房再次萎陷,观察缝合部位是否漏水,如有需要,进行另外补救缝合以达到不漏水的目的。角膜缝合必须精确实现前房的不透气和不透水密封,不对称的或浅的缝合会导致创伤缺口和泄漏。如果需要附加支持,可实施暂时性眼睑闭合术。

(4)术后护理:如有必要,给予全身性、结膜下和局部抗生素。佩戴伊丽莎白圈防止动物磨蹭、抓挠术部,并限制运动 10～14 d。14 d 后拆除眼睑闭合术的缝线,21 d 后拆去角膜缝线。

Ⅴ. 结膜瓣遮盖术

【实验目的】

1. 复习关于结膜瓣遮盖的知识。

2. 练习结膜瓣遮盖术的手术方法。

【实验内容】

学习结膜瓣遮盖术的手术方法。

【实验材料与器械】

常规注射麻醉药(陆眠宁、舒泰)、常规手术器械、眼睑开张器、眼科持针器、眼科镊、眼科剪、6-0以下的可吸收无损伤缝线、氯霉素眼药水、生理盐水等。

【实验对象】

临床健康实验犬。

【实验步骤】

(1)实验犬进行肌肉注射全身麻醉,进入麻醉状态后,用氯霉素眼药水冲洗待手术眼的角膜及结膜囊进行消毒。放置眼睑开张器使上下眼睑开张,显露眼球。

(2)用于遮盖术的结膜瓣有很多种形式,例如岛状结膜瓣、带蒂结膜瓣、桥状结膜瓣、半球状结膜瓣、360°全结膜瓣等。最常用的为带蒂结膜瓣,以其为例进行练习。术式如下。

设计结膜瓣宽度及长度,使其边缘稍微超过损伤部位几毫米,必须能覆盖过损伤。用眼科剪在距离角膜缘大约2 mm处夹持结膜,做一薄的、滑动的结膜瓣。夹持球结膜,在接近角膜处做一切口,提起切口缘,用眼科剪朝向结膜穹隆进行分离,做一薄结膜瓣。结膜瓣清创后,将其覆盖在角膜缺陷处,用6-0到9-0无损伤可吸收缝线结节缝合结膜瓣与角膜。缝合时需小心操作,角膜的缝合深度不能超过其厚度的1/2。在角膜缘处的结膜蒂两边牢固的缝合2针,以防止结膜瓣张力过大而撕裂。简单连续缝合球结膜缺损部位(图9.3)。

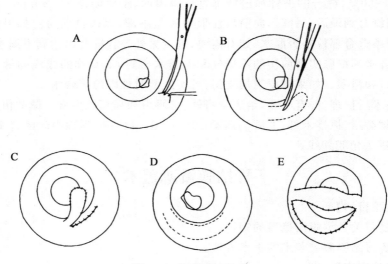

图9.3 结膜瓣遮盖术

（3）术后护理：眼部使用抗生素。佩戴伊丽莎白圈防止动物磨蹭、抓挠术部。术后3～4周角膜损伤愈合后拆线，剪断去除结膜蒂，修剪结膜瓣，使角膜附着物萎缩及纤维化，以减少瘢痕的形成。

Ⅵ. 眼球摘除术

【实验目的】

1. 复习关于眼球摘除术的知识。

2. 练习眼球摘除术的手术方法。

【实验内容】

学习眼球摘除术的手术方法。

【实验材料与器械】

常规注射麻醉药（陆眠宁、舒泰）、常规手术器械、眼睑开张器、氯霉素眼药水、红霉素眼药膏等。

【实验对象】

临床健康实验犬。

【实验步骤】

（1）实验犬进行肌肉注射全身麻醉，进入麻醉状态后，用氯霉素眼药水冲洗待手术眼的角膜及结膜囊进行消毒。放置眼睑开张器使上、下眼睑开张，显露眼球。

（2）摘除眼球的手术方法有眼球摘除术和眼球剜除术。摘除术是摘除眼球和第三眼睑；剜除术是摘除眼球、第三眼睑、眶内容物和眼睑。以眼球摘除术为例进行练习，术式如下。

如有必要可先切开眼外眦以充分显露眼球。用组织镊夹持睑缘附近的球结膜，并且沿角膜缘做360°球结膜切口。用剪刀将球结膜从巩膜上分离，显露眼球肌肉。逐条分离切断7条眼球肌肉，使眼球完全游离，但应避免过多牵引视神经，以防损伤视神经交叉而影响对侧眼的视力。使用可吸收缝线结扎球后动静脉及视神经并剪断，摘除眼球。可视情况摘除第三眼睑，但应充分止血。氯霉素眼药水冲洗创腔后，可吸收缝线简单连续缝合球结膜，结节缝合上下眼睑（图9.4）。

（3）术后护理：创腔内涂布红霉素眼药膏，全身及局部抗生素治疗。佩戴伊丽莎白圈防止动物磨蹭、抓挠术部。眼睑会逐渐萎缩塌陷。

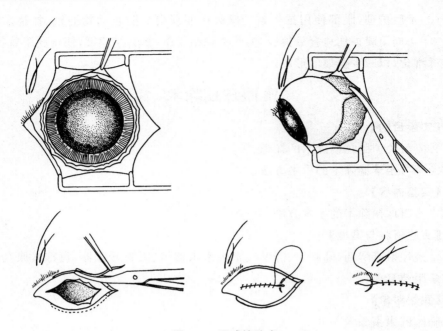

图 9.4　眼球摘除术

实验十　羊肋骨切除术、开胸术及心包切开术

【实验目的】

通过实验,使学生掌握胸腔切开术的各种手术通路和关闭胸腔的缝合方法。

【实验内容】

羊肋骨切除术、开胸术、心包切开术。

【实验材料与器械】

常规软组织切开、止血、缝合等手术器械、肋骨牵开器、丝线、无损伤可吸收线、酒精缸、碘伏缸、剃毛设备、麻醉药、抗生素、生理盐水、注射器、输液器、灭菌手套、手术衣、口罩、帽子。

【实验对象】

实验羊,雌雄兼有。

【实验基础知识】

胸腔位于胸椎、肋骨和胸骨的骨性框架中,内层被胸膜覆盖,并通过纵膈分为左右胸腔,通过横膈与腹腔分开。胸部手术通路涉及的组织 包括皮肤、皮肌、腹外斜肌、背阔肌、胸侧锯肌、肋骨、肋间肌、胸膜。

【实验步骤】

(1)麻醉与保定:侧卧保定下施术,采用全身麻醉。

(2)沿第 5 或第 6 肋骨(可做任何肋骨,但第 5 或第 6 肋骨距心包近)纵轴中线切开皮肤,逐层切开浅筋膜、皮肌、锯肌,直达肋骨。

(3)扩开创口,认真止血后于肋骨中轴纵行切开骨膜,并在骨膜切口的上、下端作横切口,以形成"工"字形切口。

(4)先用直骨膜分离器分离切口两侧骨膜直至肋骨两侧壁,再用半弯形骨膜剥离器分离肋骨内侧骨膜,然后用骨剪或线锯截去裸露的肋骨段(图 10.1)。

(5)在用呼吸机或呼吸麻醉机条件下,可切开骨膜和胸膜,暴露胸腔,进行胸腔各种治疗手术。

(6)对于化脓性心包炎病例,可用带胶管的针头穿刺心包,排出脓汁。注意排

脓速度要慢,以免心包突然减压引起休克。排脓后用生理盐水冲洗,但多数病例脓汁黏稠不易排净。

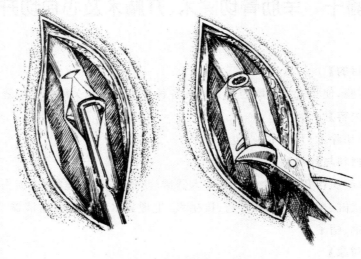

图 10.1　肋骨切除

(7)切开心包,将心包创缘用止血钳或缝线固定在创缘上,以防止脓汁污染胸腔(图 10.2)。术者将手伸入心包仔细检查,清除脓汁、铁钉、纤维素凝块,用大量青霉素生理盐水反复冲洗心包,直至液体透明。

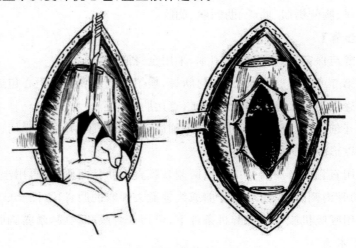

图 10.2　胸膜的切开与固定

　　(8)拆除心包固定,撒入青霉素粉,用可吸收缝线分别连续缝合心包和胸膜,用丝线分层结节缝合肌肉和皮肤。若心包化脓感染严重时可在心包闭合口的下端放一胶管做引流。

　　(9)术后护理:对手术切口完全闭合的病例,术后注意镇痛消炎、强心输液等。对留引流管的病例,应每天排出心包渗出液并注入少量抗生素,连续 10～15 d,待渗出停止后拆除引流管。

实验十一 腹腔切开术

【实验目的】

通过实验,使学生掌握腹腔切开术的各种手术通路和关闭腹腔的缝合方法。

【实验内容】

腹腔切开术。

【实验材料与器械】

常规软组织切开、止血、缝合等手术器械、丝线、无损伤可吸收线、酒精缸、碘伏缸、剃毛设备、麻醉药、抗生素、生理盐水、注射器、输液器、灭菌手套、手术衣、口罩、帽子。

【实验对象】

实验犬,雌雄兼有。

【实验基础知识】

1.腹壁的局部解剖

腹腔位于膈和骨盆腔之间,背面是第13胸椎(牛、羊、犬、猫)或第18胸椎(马、驴、骡)和腰部肌肉及膈的腰部,侧界和腹底壁为腹壁肌肉和第8～13肋骨(牛、羊、犬、猫)或第9～18肋骨(马)。腹壁的大部分由皮肤、肌肉、腱膜等软组织组成,按层次由外向内依次为:皮肤、皮下组织、腹黄筋膜(小动物不明显)、腹外斜肌、腹内斜肌、腹直肌、腹横肌、腹膜。腹白线是由剑状软骨达耻前腱沿腹中线纵行的纤维性缝际,是两侧腹斜肌和腹横肌的腱膜在腹中线处连合后形成的。两条腹直肌位于腹中线两侧。由最后肋骨向腹中线做垂线,其交点处(马、牛)或从胸骨到耻骨径路的1/3处(犬)是脐孔的位置。脐前部腹直肌鞘发达,脐后部腹直肌鞘变狭窄,在犬、猫中几乎消失。在肥胖动物中,腹白线外面紧紧覆盖一厚层脂肪。

2.手术方法

(1)肷部切口。

①适应症:肷部切口为腹髂部常用切口,马属动物常用左肷部切口,反刍动物左右肷部切口都常用。

②麻醉与保定:站立保定下施术,采用腰旁或椎旁神经传导麻醉,也可采用局部浸润麻醉;侧卧保定下施术,采用全身麻醉。

③术部。

a.左(右)胁部中切口:在左(右)侧髋结与最后肋骨连线的中点,距腰椎横突下方 6～8 cm 处垂直向下做 15～25 cm 的腹壁切口,切口长度根据手术要求适当改变。

b.左(右)胁部前切口:在左(右)侧腰椎横突下方 8～10 cm,距最后肋弓 5 cm 左右,做一与最后肋骨平行的切口,切口长 15～25 cm,必要时,也可切除最后肋骨作为胁部前切口。

c.左(右)胁部后切口:在左(右)侧髋结与最后肋骨连线上,在第 4 或第 5 腰椎横突下 6～8 cm 处,垂直向下切开 15～25 cm。

d.左(右)胁部下切口:在左(右)侧髋结与最后肋骨连线的中点,距腰椎横突下方 15～20 cm 处做一平行肋弓的 15～25 cm 切口。

④术式。

a.一次切开皮肤并分离皮下组织。

b.逐层切开腹外斜肌、钝性或锐性分离腹内斜肌、腹横肌并显露腹膜,在切开腹膜前要彻底止血。

c.皱襞切开腹膜,将切口扩大到能插入两指,用两个手指伸入切口内,以防止继续切开腹膜时损伤腹膜下脏器,扩创至合适切口长度。

d.缝合前彻底检查腹腔内有无血凝块及其他手术物品遗留。4 号丝线或可吸收线连续缝合腹膜和腹横肌,用 7 号丝线间断或连续缝合腹内斜肌与腹外斜肌,皮肤用 10 号丝线结节缝合。

(2)肋弓下斜切口。

①适应症:马属动物肋弓下斜切口在左侧用于左上、下大结肠手术,在右侧用于胃状膨大部切开术、盲肠手术。反刍动物右侧肋弓下斜切口用于牛的皱胃切开术,左侧肋弓下斜切口用于牛剖腹产。

②麻醉与保定:左或右侧卧保定,全身麻醉,结合局部浸润麻醉。

③术部。

a.马胃状膨大部切开术的切口定位方法:自右侧第 14 或第 15 肋骨终末端引一延长线,距肋弓 6～8 cm 处为切口中点,切口与肋弓平行,切口长度为 25～30 cm。

b.马盲肠手术切口定位方法:基本上与胃状膨大部切口相同,但距肋弓为 8～10 cm;盲肠切口定位还可在距右侧腰椎横突下方 15～18 cm,于最后肋骨后方 5～7 cm 处,并与肋骨平行做一 20～30 cm 切口。

c.牛皱胃切开术的切口定位方法:距右侧最后肋骨末端 25～30 cm 处,定为平行肋骨弓斜切口的中点,在此中点上做一 20～25 cm 平行肋骨弓的切口。剖腹产的切口定位与此基本相同,只是在左侧乳静脉上方 3～4 cm。

④术式。

a.一次切开皮肤并分离皮下组织,要尽量避开腹皮下静脉或将其双重结扎后切断;显露腹黄筋膜。

b.切开腹黄筋膜与部分腹直肌外鞘,显露部分腹直肌。

c.按切口方向分离腹直肌,对血管结扎后切断,并尽量减少对肋间神经深支的损伤。切开腹直肌,显露腹横肌腱膜和腹膜。

d.切开腹横肌腱膜与腹膜,显露腹腔内肠管。

e.关闭腹腔时,用 4 号丝线或可吸收线连续缝合腹膜和腹横肌腱膜,用 7 号丝线间断或连续缝合腹直肌,用 10 号丝线结节缝合腹横筋膜,用 10 号丝线结节缝合皮肤。

(3)腹中线切口(腹白线切口)。

①适应症:小动物腹部手术最常用的切口。

②麻醉与保定:全身麻醉,仰卧保定。

③术部:术部从剑状软骨至耻骨间的腹中线,以脐孔为标记,根据手术目的酌情而定。

a.子宫卵巢摘除术和肠切开术或肠切除端端吻合术:脐孔或脐孔后 1～2 cm 向后切开 3～10 cm,腹白线上进行。

b.剖腹产术:脐孔向后切开 5～15 cm,腹白线上进行;必要时向前越过脐孔扩大切口。

c.胃切开术:剑状软骨后至脐孔间切口,腹白线上进行;必要时向后越过脐孔扩大切口。

d.公犬膀胱切开术:阴茎右侧 1～1.5 cm 皮肤切口,包皮头向后切开 3～5 cm,经腹白线切开显露腹腔。

e.母犬膀胱切开术:从腹外触摸膀胱的位置,经腹白线切开 3～5 cm。

④术式。

a.紧张切开皮肤,分离皮下组织,显露腹白线。

b.皱襞切开腹白线,显露腹腔。脐孔前切口时,在切开腹白线后要钝性撕裂镰状韧带才能显露腹腔。

c.关闭腹腔时,直接用可吸收线或丝线连续缝合腹白线,连带皮下组织结合缝合加固,最后结节缝合皮肤。

【实验步骤】

(1)指导教师讲解本次实验的目的、实验内容和注意事项,并提醒学生防止犬咬伤,然后由学生分组独立进行操作,每组要提前安排麻醉监护人员、手术人员和术后护理人员,使每个学生都参与到实验过程中。

(2)至少2名学生实施麻醉,并负责术中麻醉监护和记录。

(3)2名学生分别任术者和助手,练习3种腹腔切开手术。

(4)手术期间,指导教师和其他同学在旁观摩,指导教师随时指导,并引导同学进行讨论;手术完成后,再轮换其他同学练习。

(5)实验结束后,指导教师组织学生总结本次实验,并安排学生对实验犬进行术后护理。

(6)学生记录实验犬的麻醉、手术过程和术后护理,并写出自己的体会,综合后上交实验报告。

实验十二 犬胃切开术

【实验目的】

通过实验,使学生掌握小动物胃切开术的适应症、手术方法和术后护理。

【实验内容】

胃切开术。

【实验材料与器械】

常规软组织切开、止血、缝合等手术器械、无损伤可吸收线、隔离巾、酒精缸、碘伏缸、剃毛设备、麻醉药、抗生素、生理盐水、注射器、输液器、灭菌手套、手术衣、口罩、帽子;尽可能准备两套器械(污染与无菌手术分开用)。

【实验对象】

实验犬。

【实验基础知识】

1.犬胃的局部解剖

胃包括以下几部分,各部之间无明显分界:贲门部在贲门周围;胃底部位于贲门的左侧和背侧,呈圆隆顶状;胃体部最大,位于胃的中部,自左侧的胃底部至右侧的幽门部;幽门部,沿胃小弯估算,约占远侧的1/3部分,幽门部的起始部是幽门窦,然后变狭窄,形成幽门管,与十二指肠交界处叫幽门,幽门处的环形肌增厚构成括约肌。

胃弯曲呈"C"字形,大弯主要面对左侧,小弯主要面对右侧。大血管沿小弯和大弯进入胃壁。胃的腹侧面叫壁面,与肝接触;背侧面叫脏面,与肠管接触。牵引大弯,可显露脏面,脏面中部为胃切开术的理想部位。

胃的位置随充盈程度而改变。空虚时,前下部被肝和膈肌掩盖,后部被肠管掩盖,在肋弓之前,正中矢状面的左侧;胃充满时与腹腔底壁相接触,突出肋弓之后,胃底部抵达第2或第3腰椎。

2.适应症

取出胃内异物、经胃取食道异物、摘除胃内肿瘤、急性胃扩张减压、胃扩张扭转整复术及探查胃内疾病等。

3. 术前准备

非紧急手术,术前应禁食 24 h 以上;对于病情严重、体况差的动物,术前要积极调整体况,补充血容量和调整酸碱平衡。必要时,经口插入胃管或胃穿刺减压。

4. 术式

(1)全身麻醉,仰卧保定;胸后部和腹部剃毛、消毒,铺设创巾后进行手术。

(2)剑状软骨向后至脐孔间沿腹中线切口,必要时切口越过脐孔;常规切开腹壁后,钝性撕裂镰状韧带,显露腹腔,腹内探查(彩图 12.1)。

(3)确认进行胃切开术后,把胃从腹腔中轻轻拉出。胃的周围用隔离巾与腹腔及腹壁隔离,防止切开胃时污染腹腔(彩图 12.2)。

(4)手术刀沿胃长轴,在近胃大弯处切开一小口,必要时手术剪扩大切口;取出胃内或食道内异物,探查胃内各部(贲门、胃底、胃体、幽门窦、幽门)有无异常,视情况处理(图 12.1、彩图 12.3)。

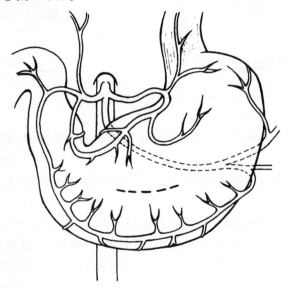

图 12.1 胃常规切口定位

(5)无损伤可吸收线连续缝合胃黏膜;温生理盐水冲洗后,再用无损伤可吸收线连续伦勃特式或库兴氏缝合浆膜肌层;用温生理盐水冲洗胃壁后,去除组织钳或牵引线和隔离巾,将胃还纳腹腔。对于特别小的胃壁切口,也可只做一层荷包缝合浆膜肌层(彩图 12.4、彩图 12.5)。胃切开缝合示意图见图 12.2。

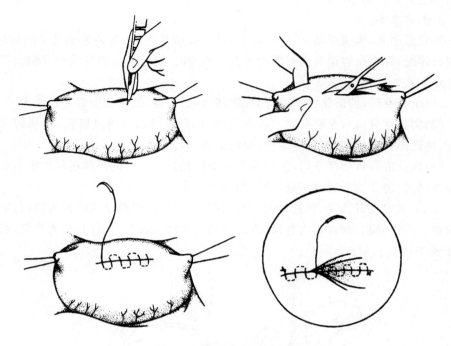

图 12.2 胃切开缝合示意图

（6）若术中胃内容物污染了腹腔，用温生理盐水灌洗腹腔，然后更换手术器械转入无菌操作。

（7）常规缝合腹壁切口；术部涂布碘伏，腹绷带包扎（彩图 12.6、彩图 12.7）。

5. 术后护理

术后加强护理，积极治疗。术后禁水 10～24 h，禁食 24～48 h；开始饮食时，少量多次，以易消化的流食逐渐向正常饮食过渡；饲喂后，一旦再发生呕吐，停止饲喂，立即就诊。患病动物未正常饮食前，给予输液等支持疗法和抗生素疗法。术后 10～14 d 视情况皮肤拆线。

【实验步骤】

（1）指导教师讲解本次实验的目的、实验内容和注意事项，并提醒学生防止犬咬伤，然后由学生分组独立进行操作，每组要提前安排麻醉监护人员、手术人员和术后护理人员，使每个学生都参与到实验过程中。

（2）至少 2 名学生实施麻醉，并负责术中麻醉监护和记录。

（3）2 名学生分别任术者和助手，练习犬胃切开术。

（4）手术期间，指导教师和其他同学在旁观摩，指导教师随时指导，并引导同学进行讨论；手术完成后，再轮换其他同学练习。

（5）实验结束后，指导教师组织学生总结本次实验，并安排学生对实验犬进行术后护理。

（6）学生记录实验犬的麻醉、手术过程和术后护理，并写出自己的体会，综合后上交实验报告。

实验十三 羊瘤胃切开术

【实验目的】

通过实验,使学生掌握反刍动物瘤胃切开术的适应症、手术方法和术后护理。

【实验内容】

瘤胃切开术。

【实验材料与器械】

常规软组织切开、止血、缝合等手术器械、无损伤可吸收线、隔离巾、酒精缸、碘伏缸、剃毛设备、麻醉药、抗生素、生理盐水、注射器、输液器、灭菌手套、手术衣、口罩、帽子;尽可能准备两套器械(污染与无菌手术分开用)。

【实验对象】

实验羊。

【实验基础知识】

1.瘤胃的局部解剖

左侧软腹壁(肷部)的解剖组成是皮肤、腹横筋膜、腹外斜肌、腹内斜肌、腹横肌及腹膜。左侧腹腔内脏见图13.1。

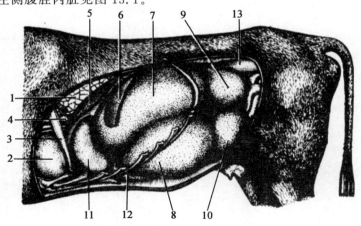

图 13.1 牛左侧腹腔内脏

1.右肺 2.心脏 3.第6肋骨 4.食管 5.膈 6.脾 7.瘤胃背囊 8.瘤胃腹囊
9.后背盲囊 10.后腹盲囊 11.网胃 12.皱胃 13.直肠

2.适应症

严重瘤胃积食或泡沫性鼓气经药物治疗无效者,创伤性网胃炎或创伤性心包炎可从胃内拔除异物者,瓣胃阻塞、皱胃积食可从瘤胃冲洗治疗者,误食有毒饲料、饲草且毒物尚在瘤胃内停留者,误食塑料布等异物造成胃阻塞者。

3.术式

(1)全身麻醉,右侧卧保定;左腹部剃毛、消毒(前至最后肋弓,后至髋结节,上至腰椎横突,下至膝关节水平线),铺设创巾后进行手术。

(2)左侧最后肋骨与髋结节连线的中点,离腰椎横突4～6 cm处向下做15～18 cm长的皮肤切口。切口位置也可向前、向后稍作移动。然后锐性切开腹黄筋膜,沿肌纤维方向依次钝性分离腹外斜肌、腹内斜肌(图13.2),钝性分离腹横肌,夹起腹膜,切一小口,插入有沟探针,沿探针沟剪开或切开腹膜(图13.3),暴露瘤胃。

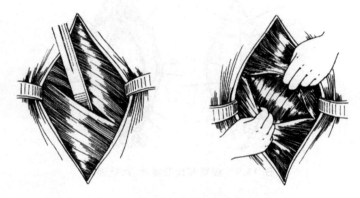

图13.2 钝性分离腹外斜肌和腹内斜肌

(3)瘤胃固定有多种方法,常用的有以下两种。第一种是在切开瘤胃之前先作瘤胃浆膜肌层与皮肤切口创缘之间环绕一周的连续缝合,缝合圈内瘤胃壁的宽度为8～10 cm,再从中间切开或剪开瘤胃,并用六针缝合法外翻固定(图13.4)。最后放入洞巾(橡胶布、油布或塑料布制成的隔离巾,见图13.5),即可进行适应症中任何疾病的治疗。第二种是将瘤胃壁拉出体外,在其周围与腹壁创口之间衬垫生理盐水湿纱布,再打开瘤胃,创缘衬垫纱布后放入洞巾,用舌钳夹持固定(图13.6),然后用巾钳将舌钳柄固定在皮肤上,即可进行手术操作。

(4)治疗结束后除去洞巾,用生理盐水冲净附着在瘤胃壁上的胃内容物和血凝块,拆除缝合线,对胃壁创口自上而下进行严密的螺旋缝合,然后用含抗生素的生

图 13.3　钝性分离腹横肌,锐性切开腹膜

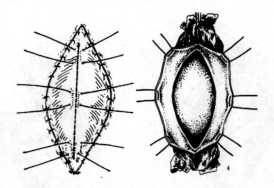

图 13.4　瘤胃与皮肤缝合、六针固定

橡皮环

图 13.5　洞巾

理盐水再次冲洗瘤胃壁，并对胃壁创缘进行消毒，手术人员轮换消毒，污染器械不再使用，从此转入无菌手术。在无菌条件下用胃肠缝合对胃壁创缘进行包埋。

（5）腹膜用螺旋缝合，各层肌肉分别用结节缝合，腹横筋膜用连续缝合，皮肤用结节缝合。

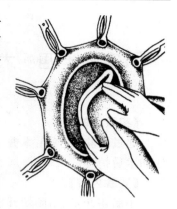

4. 术后护理

术后加强护理，积极治疗。术后禁食 36～48 h 以上，待瘤胃蠕动恢复、出现反刍后开始喂少量优质饲草。术后 12 h 进行缓慢牵遛运动，促进瘤胃机能恢复。术后视情况进行补液，连用抗生素 4～5 d。术后 10～14 d 视情况皮肤拆线。

图 13.6　舌钳固定

【实验步骤】

（1）指导教师讲解本次实验的目的、实验内容和注意事项，然后由学生分组独立进行操作，每组要提前安排麻醉监护人员、手术人员和术后护理人员，使每个学生都参与到实验过程中。

（2）至少 2 名学生实施麻醉，并负责术中麻醉监护和记录。

（3）2 名学生分别任术者和助手，练习瘤胃切开术。

（4）手术期间，指导教师和其他同学在旁观摩，指导教师随时指导，并引导同学进行讨论；手术完成后，再轮换其他同学练习。

（5）实验结束后，指导教师组织学生总结本次实验，并安排学生对实验羊进行术后护理。

（6）学生记录实验羊的麻醉、手术过程和术后护理，并写出自己的体会，综合后上交实验报告。

实验十四　犬肠切开术与肠切除端端吻合术

【实验目的】

通过实验,使学生掌握小动物肠切开术和肠切除端端吻合术的适应症、手术方法和术后护理。

【实验内容】

小肠切开术、结肠切开术、小肠切除端端吻合术。

【实验材料与器械】

常规软组织切开、止血、缝合等手术器械、无损伤可吸收线、隔离巾、酒精缸、碘伏缸、肾形盘、剃毛设备、麻醉药、抗生素、生理盐水、注射器、输液器、灭菌手套、手术衣、口罩、帽子;尽可能准备两套器械(污染与无菌手术分开用)。

【实验对象】

实验犬。

【实验基础知识】

1. 犬肠的局部解剖

十二指肠是小肠中最为固定的一段,自幽门起,走向正中矢状面右侧,向背前方行很短一段距离后便向后折转,称为前曲;然后沿升结肠和盲肠的外侧与右侧腹壁之间向后行,称为降十二指肠;至接近骨盆入口处向左转,称为十二指肠后曲;再沿降结肠和左肾的内侧向前行便是升十二指肠;于肠系膜根的左侧和横结肠的后方向下转为十二指肠空肠曲,连接空肠。空肠自肠系膜根的左侧开始,形成许多弯曲的小肠祥,占据腹腔的后下部。回肠是小肠的末端部分,很短,自左向右,在正中矢状面的右侧经回结口延接结肠。

盲肠短而弯曲,位于第 2、第 3 腰椎下方的右侧腹腔中部,盲肠尖向后,前端经盲结口与升结肠相连。结肠无纵带,被肠系膜悬吊在腰下部,依次分为以下几段——升结肠:自盲结口向前行,很短(约 10 cm),位于肠系膜根的右侧;横结肠:升结肠行至幽门部向左转称为结肠右曲,经肠系膜根的前方至左侧腹腔,于左肾的腹侧面转为结肠左曲,向后延接为降结肠;降结肠:是结肠中最长的一段(30～40 cm),起始于肠系膜根的左侧,然后斜向正中矢状面,至骨盆入口处与直肠衔接。在降结肠与升十二指肠之间有十二指肠结肠韧带相连。

2.适应症

犬的小肠切开术适用于排除犬的肠内异物或蛔虫性肠阻塞,或切开排除肠管内积液减压;大肠切开术适用于结肠内粪性闭结或异物。有时,肠套叠整复和肠活组织检查也需要肠切开术。

犬小肠切除端端吻合术适用于各种原因引起的肠坏死、广泛性肠粘连、不易修复的肠损伤、肠瘘和肠肿瘤等。同样的手术方法也可用于巨结肠切除术。

3.术前准备

非紧急手术,术前应禁食 24 h 以上;对于病情严重、体况差的动物,术前要积极调整体况,补充血容量和调整酸碱平衡。

4.术式

(1)全身麻醉,仰卧保定;腹部剃毛、消毒,铺设创巾后进行手术。

(2)脐后腹中线切口,常规切开腹壁后,显露腹腔,向前拨动大网膜后腹内探查。绝大部分的小肠异物发生在空肠;因为空肠游离性大,容易被牵拉出腹外,既方便操作又可避免污染,所以对于十二指肠或回肠内的异物,可考虑人为推至空肠,行空肠切开术;无法移动时,再行十二指肠或回肠切开术。结肠后段的异物或硬结粪便,可集中在降结肠前部切开取出。

(3)将阻塞或病变肠管尽量拉出腹外,周围用隔离巾与腹腔及腹壁隔离,防止污染腹腔。判定肠壁是否发生坏死,决定行肠切开术还是肠切除术(彩图 14.1)。

(4)肠切开术:助手手持纱布捏持住阻塞处两侧的健康肠管,在阻塞处偏后方的健康肠管的对肠系膜侧,术者用手术刀纵向切开肠壁,切口长度以能顺利取出阻塞物为原则(彩图 14.2)。助手自切口两侧适当推挤阻塞物,术者钳夹取出或使阻塞物自动滑入包裹灭菌隔离巾的肾形盘内。如果阻塞处前方肠管积气或积液,要经此肠壁切口尽量排出。纱布拭擦肠壁切口,修剪外翻的肠黏膜(彩图 14.3)。无损伤可吸收线全层结节缝合肠壁(彩图 14.4)。温生理盐水冲洗肠壁和肠系膜。肠切开缝合示意图(图 14.1)。大网膜包裹切开部位后还纳腹腔。因结肠粗大,缝合后不易狭窄,也可先连续缝合黏膜,温生理盐水冲洗后,再用无损伤可吸收线连续伦勃特式或库兴氏缝合浆膜肌层。

(5)肠切除端端吻合术:展开病变肠管及肠系膜,确定肠切除范围,肠切除线一般在病变部位两端 2～5 cm 的健康肠管上。在肠管切除范围上,对相应肠系膜做 V 形或扇形预定切除线,在预定切除线两侧,将肠系膜血管进行双重结扎,然后在结扎线之间切断血管和肠系膜。肠壁预切除线外侧 1～1.5 cm 用肠钳夹住,沿预切除线切断肠管,对肠系膜侧切除多些。扇形肠系膜切断后,结扎肠断端肠系膜三角区的出血点(图 14.2)。助手扶持并合拢两肠钳,使两肠断端对齐靠近,检查拟

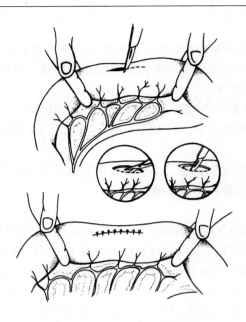

图 14.1 肠管切开缝合示意图

吻合的肠管有无扭转。修剪外翻的肠黏膜;对于较细的肠管,可沿对肠系膜侧剪开,扩大吻合处的肠腔,也可用此方法使两端肠腔直径一致。无损伤可吸收线先结节缝合两肠断端的后壁,然后再结节缝合前壁(图 14.2)。去除两端夹持的肠钳,视情况补针,特别是要检查系膜侧和对系膜侧的两折转处。最后结节缝合肠系膜游离缘。温生理盐水冲洗肠壁和肠系膜,大网膜包裹吻合部位后还纳腹腔。

(6)若术中肠内容物污染了腹腔,用温生理盐水灌洗腹腔,然后更换手术器械转入无菌操作。

(7)常规缝合腹壁切口;术部涂布碘伏,腹绷带包扎。

5.术后护理

术后加强护理,积极治疗。术后禁水 10~24 h,禁食 24~48 h;开始饮食时,少量多次,以易消化的流食逐渐向正常饮食过渡;饲喂后,一旦再发生呕吐,停止饲喂,立即就诊。患病动物未正常饮食前,给予输液等支持疗法和抗生素疗法。术后 10~14 d 视情况皮肤拆线。

【实验步骤】

(1)指导教师讲解本次实验的目的、实验内容和注意事项,并提醒学生防止犬咬伤,然后由学生分组独立进行操作,每组要提前安排麻醉监护人员、手术人员和

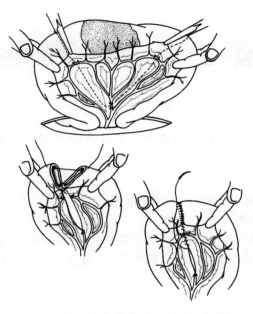

图 14.2　坏死肠管切除范围、肠端端吻合术

术后护理人员,使每个学生都参与到实验过程中。

(2)至少 2 名学生实施麻醉,并负责术中麻醉监护和记录。

(3)2 名学生分别任术者和助手,练习犬小肠切开术、结肠切开术和小肠切除端端吻合术。

(4)手术期间,指导教师和其他同学在旁观摩,指导教师随时指导,并引导同学进行讨论;手术完成后,再轮换其他同学练习。

(5)实验结束后,指导教师组织学生总结本次实验,并安排学生对实验犬进行术后护理。

(6)学生记录实验犬的麻醉、手术过程和术后护理,并写出自己的体会,综合后上交实验报告。

实验十五　犬、猫卵巢子宫摘除术

【实验目的】

通过实验,使学生掌握犬和猫卵巢子宫摘除术的适应症、手术方法和术后护理。

【实验内容】

犬卵巢子宫摘除术;猫卵巢子宫摘除术。

【实验材料与器械】

常规软组织切开、止血、缝合等手术器械、无损伤可吸收线、丝线、酒精缸、碘伏缸、红霉素眼膏、剃毛设备、麻醉药、抗生素、生理盐水、注射器、输液器、灭菌手套、手术衣、口罩、帽子。

【实验对象】

实验犬,雌性;实验猫,雌性。

【实验基础知识】

1. 犬、猫卵巢和子宫的局部解剖

卵巢位于同侧肾脏后方的卵巢囊内。右侧卵巢在降十二指肠和外侧腹壁之间,左卵巢在降结肠和外侧腹壁之间,或位于脾脏中部与腹壁之间。性成熟前,卵巢表面光滑;性成熟后卵巢表面变粗糙并有不规则的突起。卵巢通过固有韧带与子宫角相连,并经卵巢悬吊韧带附着于最后肋骨内侧的筋膜上。

正常的子宫很细小,发情、妊娠或感染时增大。子宫由颈、体和两个长角构成。子宫角狭长,背面与降结肠、腰肌和腹横筋膜、输尿管相接触,腹面与膀胱、网膜和小肠相接触。在怀孕子宫膨大的过程中,阴道端和卵巢端的位置几乎不改变,子宫角中部向前下方下沉,抵达肋弓的内侧。子宫体短,子宫颈是子宫体和阴道之间的隆起部分,壁厚。

子宫阔韧带是把卵巢、输卵管和子宫附着于腰下外侧壁上的脏层腹膜褶,悬吊除阴道后部之外的所有内生殖器官,可分为连续的 3 个部分,即子宫系膜、输卵管系膜和卵巢系膜。卵巢系膜为阔韧带的前部,与输卵管系膜一起组成卵巢囊。犬的卵巢完全由卵巢囊覆盖,而猫的卵巢仅部分被卵巢囊覆盖。

卵巢系膜内包裹卵巢悬吊韧带及卵巢动、静脉,卵巢动脉在子宫系膜内与子宫动脉吻合。子宫动脉沿子宫颈、子宫体两侧向前延伸,供应左、右两侧子宫角。在犬中,子宫阔韧带沉积大量脂肪,各部血管显示不清。

2.适应症

卵巢子宫摘除的目的是为了绝育,即阻止发情和繁衍后代,并可预防和治疗于卵巢、子宫和乳房等部位易发的雌性动物生殖系统疾病,如卵巢囊肿、卵巢肿瘤、化脓性子宫内膜炎、增生性子宫内膜炎、乳腺肿瘤、阴道增生、阴道脱垂等;还可控制某些内分泌疾病(如糖尿病)和皮肤病(如全身性螨病)。

3.术前准备

成年犬、猫禁食12~18 h,幼年犬、猫禁食4~8 h;对因病理性卵巢子宫摘除的病例,要进行全面检查,术前要积极调整体况,纠正水、电解质代谢紊乱和酸碱平衡失调。

4.术式

(1)犬子宫卵巢摘除术(图15.1)。

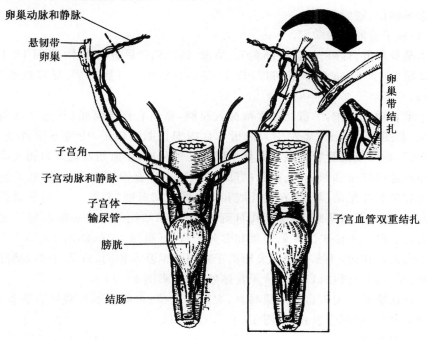

图15.1　子宫卵巢切除术

①全身麻醉,仰卧保定;腹部剃毛、消毒,铺设创巾后进行手术。

②脐后腹中线切口,长3~10 cm;常规切开腹壁后,显露腹腔。

③术者手指贴住腹壁探入腹腔,牵出右侧子宫角,显露子宫角前端和卵巢囊。术者左手大拇指与食指捏住固有韧带,其余3指使卵巢系膜紧张,仔细辨认卵巢血管,在血管后方戳开卵巢系膜并钝性分离,止血钳经此开口钳夹固有韧带,交由助手提拉;助手下压腹壁,术者使用丝线双重结扎卵巢悬吊韧带和卵巢动、静脉,在结扎线与卵巢之间切断;将右侧子宫角完全拉出腹壁切口外,在子宫体两侧的子宫动脉外,钝性分离子宫阔韧带后撕断(对于肥胖犬和大型犬,为防止子宫阔韧带断端出血,也可丝线单结扎后剪断)。

④导引出左侧子宫角,按同样方法结扎和切断左侧卵巢悬吊韧带和子宫阔韧带。

⑤在子宫体后端,丝线双重结扎子宫体及两侧伴行的子宫血管,在结扎线前端剪断,去除卵巢和子宫。

⑥确认腹腔内无出血和遗留物品,大网膜复位;可吸收线常规缝合腹壁切口;术部涂布碘伏,腹绷带包扎。

(2)猫子宫卵巢摘除术。

①全身麻醉,仰卧保定;腹部剃毛、消毒,铺设创巾后进行手术(彩图15.1)。

②脐后2～3 cm腹中线切口,长1～2 cm;常规切开腹壁后,显露腹腔(彩图15.2)。

③术者独自操作:手指贴住腹壁探入腹腔,牵出右侧子宫角,显露子宫角前端和卵巢(彩图15.3)。术者左手大拇指与食指捏住固有韧带,中指下压腹壁,显露卵巢系膜,在卵巢血管后方戳开卵巢系膜并钝性分离,止血钳经此开口钳夹卵巢前方的卵巢悬吊韧带和卵巢动、静脉(彩图15.4);在止血钳下方,用丝线双重结扎卵巢悬吊韧带和卵巢动、静脉,在结扎线和止血钳之间剪断(彩图15.5);尽量提拉右侧子宫角,撕裂子宫系膜,双重结扎右侧子宫角,在结扎线前方切断右侧子宫角及伴行血管。同样方法去除左侧卵巢和部分子宫角(彩图15.6、彩图15.7)。

④两人操作时,手术步骤同犬卵巢子宫摘除术基本相同,只是猫可以摘除部分子宫角,不一定非得切口很大,从子宫体处切断(彩图15.8)。

⑤确认腹腔内无出血和遗留物品,大网膜复位;可吸收线常规缝合腹壁切口;术部涂布碘伏,腹绷带包扎(彩图15.9)。

5.术后护理

生理手术术后常规护理;病理性手术术后积极治疗,纠正体况,防止感染。术后10～14 d视情况皮肤拆线。

【实验步骤】

(1)指导教师讲解本次实验的目的、实验内容和注意事项,并提醒学生防止犬咬伤和猫抓伤,然后由学生分组独立进行操作,每组要提前安排麻醉监护人员、手术人员和术后护理人员,使每个学生都参与到实验过程中。

(2)至少2名学生实施麻醉,并负责术中麻醉监护和记录。

(3)2名学生分别任术者和助手,练习犬和猫的卵巢子宫摘除术。

(4)手术期间,指导教师和其他同学在旁观摩,指导教师随时指导,并引导同学进行讨论;手术完成后,再轮换其他同学练习。

(5)实验结束后,指导教师组织学生总结本次实验,并安排学生对实验犬和猫进行术后护理。

(6)学生记录实验犬和猫的麻醉、手术过程和术后护理,并写出自己的体会,综合后上交实验报告。

实验十六　犬、猫睾丸切除术

【实验目的】

通过实验,使学生掌握犬和猫睾丸切除术的适应症、手术方法和术后护理。

【实验内容】

犬睾丸切除术;猫睾丸切除术。

【实验材料与器械】

常规软组织切开、止血、缝合等手术器械、无损伤可吸收线、酒精缸、碘伏缸、红霉素眼膏、剃毛设备、麻醉药、抗生素、生理盐水、注射器、输液器、灭菌手套、手术衣、口罩、帽子。

【实验对象】

实验犬,雄性;实验猫,雄性。

【实验基础知识】

1.犬、猫阴囊和睾丸的局部解剖

犬的阴囊较大,悬吊于趾骨部下方、两后肢之间。猫的阴囊位于肛门下方,距离肛门很近。阴囊为皮肤、肉膜、睾外提肌和鞘膜组成的袋状囊,内含有睾丸、附睾和一部分精索。阴囊皮肤表面的正中线为阴囊缝际,是去势术的定位标志。肉膜在阴囊皮肤的内面,沿阴囊缝际形成阴囊中隔。鞘膜由总鞘膜和固有鞘膜组成。总鞘膜是由腹横筋膜与紧贴于其内的腹膜壁层延伸阴囊内形成,呈灰白色坚韧有弹性的薄膜包在睾丸外面。固有鞘膜是腹膜的脏层,包着睾丸、附睾和精索。总鞘膜折转到固有鞘膜的腹膜褶称为睾丸系膜或鞘膜韧带,在睾丸系膜的下端,即附睾后缘的加厚部分称为附睾尾韧带。总鞘膜和固有鞘膜之间形成鞘膜腔,向腹内方向形成鞘膜管,精索通过鞘膜管。犬、猫的睾丸呈椭圆形,水平地位于阴囊内。附睾体紧贴在睾丸上,附睾尾部分游离,并移行为输精管。附睾位于睾丸的背外侧,附睾尾在后,附着于附睾尾韧带。精索为一索状组织,由血管、输精管、神经、淋巴管和睾内提肌组成,起于附睾,通向腹内。

2.适应症

绝育和改变动物的某些不良习性和行为,预防和治疗某些雄激素相关性疾病,如前列腺疾病、肛周腺瘤和会阴疝;其他适应症包括睾丸或附睾肿瘤、睾丸和阴囊外伤或脓肿、尿道造口术、腹股沟阴囊疝修补术及控制癫痫和某些内分泌疾病。

3. 术前准备

成年犬、猫禁食 12～18 h,幼年犬、猫禁食 4～8 h;对因病理性睾丸切除的病例,要进行全面检查,术前要积极调整体况;若为附带手术,要积极治疗原发病。

4. 术式

(1)犬睾丸切除术(阴囊基部前切口)。

①全身麻醉,仰卧保定;后腹部和会阴部剃毛、消毒,铺设创巾后进行手术(彩图 16.1)。

②术者站在动物的左侧,左手将一侧睾丸挤压至阴囊基部前中线固定,右手持手术刀切开皮肤(皮肤切口长 1～2 cm)、肉膜和总鞘膜,将睾丸挤出皮肤切口之外(彩图 16.2、彩图 16.3)。

③止血钳钝性分离精索与附睾尾和切开外翻的鞘膜管之间的固有鞘膜(彩图 16.4),止血钳钳夹鞘膜管,钝性撕开附睾尾韧带,牵拉精索,使之与鞘膜管游离(彩图 16.5)。可吸收线双重结扎精索,在结扎线和睾丸之间剪断精索,去除一侧睾丸,精索残端退入鞘膜管。或用弯止血钳将精索自身打结,在结和睾丸之间剪断精索(彩图 16.6、彩图 16.7)。松开钳夹鞘膜管的止血钳,将总鞘膜还纳阴囊。

④按同样的方法,从同一皮肤切口摘除另一侧睾丸,总鞘膜还纳阴囊。

⑤可吸收线结节缝合皮肤切口(彩图 16.8);术部涂布碘伏,腹绷带包扎。

(2)猫睾丸切除术(阴囊部切口)。

①全身麻醉,左侧卧保定;阴囊及周围拔毛(或剃毛)、消毒,铺设纱布创巾(彩图 16.9、彩图 16.10)后进行手术。

②术者站在动物后背侧,右手由内向外依次拿好弯止血钳、尖剪和组织钳(穿在无名指上),并用食指和大拇指捏住手术刀片(彩图 16.11)。左手大拇指、食指和中指将两侧睾丸挤入阴囊底部并固定,在阴囊腹侧的缝际两侧 0.5 cm 处切开阴囊皮肤、肉膜和总鞘膜,睾丸随之弹出切口之外(彩图 16.12)。

③放下手术刀片,右手用组织钳夹住附睾尾,交由左手提拉(彩图 16.13),右手持剪刀扩大鞘膜管切口,分离精索和鞘膜管之间的固有鞘膜,剪断总鞘膜(彩图 16.14),提拉使精索与鞘膜管游离(彩图 16.15)。剪刀交由左手,右手持弯止血钳将精索自身打结,在结和睾丸之间剪断精索,去除一侧睾丸,精索残端退入鞘膜管(彩图 16.16、彩图 16.17、彩图 16.18)。精索自身打结如图 16.1 所示。

④按同样的方法摘除另一侧睾丸。

⑤清理阴囊切口处的血凝块,对合切口,碘伏消毒(无须缝合)(彩图 16.19)。术后佩戴伊丽莎白圈,防止舔舐。

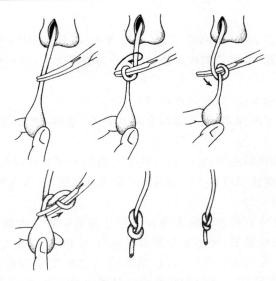

图 16.1　精索自身打结示意图

5.术后护理

生理手术术后常规护理;病理性手术术后积极治疗,纠正体况,防止感染。术后 10~14 d 视情况皮肤拆线。

【实验步骤】

(1)指导教师讲解本次实验的目的、实验内容和注意事项,并提醒学生防止犬咬伤和猫抓伤,然后由学生分组独立进行操作,每组要提前安排麻醉监护人员、手术人员和术后护理人员,使每个学生都参与到实验过程中。

(2)至少 2 名学生实施麻醉,并负责术中麻醉监护和记录。

(3)2 名学生分别任术者和助手,练习犬和猫的睾丸切除术。

(4)手术期间,指导教师和其他同学在旁观摩,指导教师随时指导,并引导同学进行讨论;手术完成后,再轮换其他同学练习。

(5)实验结束后,指导教师组织学生总结本次实验,并安排学生对实验犬和猫进行术后护理。

(6)学生记录实验犬和猫的麻醉、手术过程和术后护理,并写出自己的体会,综合后上交实验报告。

实验十七　小母猪卵巢摘除术

【实验目的】

通过实验,使学生掌握小母猪卵巢摘除术的手术方法。

【实验内容】

小母猪卵巢摘除术。

【实验材料与器械】

常规软组织切开、止血、缝合等手术器械、丝线、无损伤可吸收线、酒精缸、碘伏缸、剃毛设备、麻醉药、抗生素、生理盐水、注射器、输液器、灭菌手套、手术衣、口罩、帽子。

【实验对象】

$1\sim2$月龄、体重为$5\sim15$ kg、不宜作种用的小母猪。

【实验基础知识】

1.局部解剖

卵巢位于骨盆入口顶部两旁,发情前的形状很像黄豆或黑豆,发情后像桑葚。输卵管为左、右两根弯曲的细管,呈粉红色。子宫角长而弯曲,位于骨盆入口的两侧稍前方、髋结节稍后方,呈圆筒状,壁厚而稍红。两侧子宫角汇合成子宫体。

2.术式

(1)前躯侧卧,后躯半仰卧,全身挺直,术者右脚尖踩住小猪颈部,左脚尖踩住小猪左后肢小腿保定。一般不麻醉。

(2)切口定位:将小母猪保定后,将左侧膝前皱襞拉向术者(俗称外拨膝皱襞),在由膝前皱襞向腹中线所划的垂线上,距左侧乳头(约倒数第二乳头)$2\sim3$ cm 处即为切口位置(图 17.1)。猪的大小和营养状况不同,切口位置也略有不同,即所谓"肥朝前、瘦朝后、饱朝内、饥朝外"。

(3)用左手虎口紧贴住髋结节前缘,四指垫在猪的腰荐部,拇指压在左侧腹下预备切口处,右手持刀沿左手拇指端的边缘做 $0.8\sim1.5$ cm 长的皮肤切口。

(4)将刀柄伸入创内,趁猪叫、腹压升高之际,适当用力戳破腹壁肌肉和腹膜,此时腹水同子宫角会一起冒出切口。

(5)用屈曲的左、右食指第二指节背面用力压腹壁,以便两手拇指和食指交替

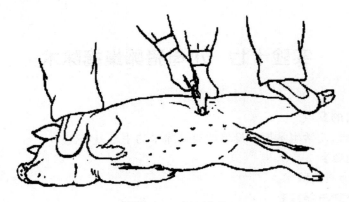

图 17.1　切口定位

拉出两侧子宫角和卵巢,然后用丝线将卵巢和子宫角一起牢固结扎后剪掉。

(6)术部涂布碘伏,腹绷带包扎。

3. 术后护理

限制剧烈活动,防止腹压增高。

【实验步骤】

(1)指导教师讲解本次实验的目的、实验内容和注意事项,然后由学生分组独立进行操作,每组要提前安排手术人员和术后护理人员,使每个学生都参与到实验过程中。

(2)2 名学生分别任术者和助手,练习小母猪卵巢摘除术。

(3)手术期间,指导教师和其他同学在旁观摩,指导教师随时指导,并引导同学进行讨论;手术完成后,再轮换其他同学练习。

(4)实验结束后,指导教师组织学生总结本次实验,并安排学生对实验猪进行术后护理。

(5)学生记录实验猪的手术过程和术后护理,并写出自己的体会,综合后上交实验报告。

实验十八　脐疝修补术

【实验目的】

通过实验,使学生掌握脐疝修补术的手术方法。

【实验内容】

脐疝修补术。

【实验材料与器械】

常规软组织切开、止血、缝合等手术器械、丝线、无损伤可吸收线、酒精缸、碘伏缸、剃毛设备、麻醉药、抗生素、生理盐水、注射器、输液器、灭菌手套、手术衣、口罩、帽子。

【实验对象】

患有脐疝的实验犬。

【实验基础知识】

1.脐疝简介

各种动物均可发生脐疝,以仔猪、犊牛多见。一般以先天性原因为主,可见于初生时,或者出生后数天或数周。犊牛的先天性脐疝多数在出生后数月逐渐消失,少数病例越来越大。犬、猫在2～4月龄以内常有小脐疝,多数在5～6月龄后逐渐消失。患病原因是脐孔发育不全、没有闭锁、脐部化脓或腹壁发育缺陷。

脐疝时,脐部呈现局限性球形肿胀,质地柔软或紧张,疝内容物多为镰状韧带和网膜脂肪,一般没有全身症状。多数病例的疝内容物能还纳腹腔,并可摸到疝轮。有些病例在腹压增大时,脐疝增大,并伴有痛性反应,部分病例皮肤变薄和渗出,之后可能自愈,疝内容物再次还纳腹腔。有些病例只见脐部局限性隆起,但摸不到疝孔。疝入肠管箝闭或粘连时,动物可表现显著的全身症状,极度不安、疝痛、食欲废绝、呕吐等,不及时救治常引起死亡。

2.适应症

可复性或箝闭性脐疝。

3.术前准备

根据脐疝的病因和性质而定。

4.术式

(1)全身麻醉或局部浸润麻醉,仰卧保定,术部剃毛、消毒,铺设创巾后进行手术(彩图 18.1)。

（2）沿疝囊基部梭形切开皮肤（彩图 18.2）；疝囊很大时，沿基部切开去除皮肤太多，会造成很大张力，此时可先皱襞切开皮肤，待缝合时再修剪处理。

（3）分离皮下组织，显露疝轮，辨认疝内容物。若为脂肪，既可打开疝囊还纳腹腔，也可紧贴腹壁直接切除；若为脏器或肠管，要仔细切开疝囊壁，检查疝内容物有无粘连和变性、坏死。若有肠管坏死，需行部分肠切除术；若无粘连和坏死，疝内容物直接还纳腹腔（彩图 18.3、彩图 18.4）。

（4）修剪或切割疝环（彩图 18.5），创造新鲜创面。对于犬、猫等小动物，可吸收线连续缝合腹白线即可；对于大动物，要用丝线扣状缝合腹壁，而且还要分离囊壁形成左、右两个纤维组织瓣，将一侧纤维组织瓣缝在对侧疝环外缘上，然后将另一侧的组织瓣缝合在对侧组织瓣的表面上（彩图 18.6）。

（5）修剪皮肤创缘，皮肤结节缝合（彩图 18.7）。腹压大的动物，皮肤张力很大，要对皮肤做减张缝合，必要时两边用乳胶管或纱布卷保持减张。

（6）术部涂布碘伏，腹绷带包扎。

5. 术后护理

小动物术后常规护理；大动物术后不宜喂得过饱，限制剧烈活动，防止腹压增高。术后 10～14 d 视情况皮肤拆线。

【实验步骤】

（1）指导教师讲解本次实验的目的、实验内容和注意事项，并提醒学生防止犬咬伤，然后由学生分组独立进行操作，每组要提前安排麻醉监护人员、手术人员和术后护理人员，使每个学生都参与到实验过程中。

（2）至少 2 名学生实施麻醉，并负责术中麻醉监护和记录。

（3）2 名学生分别任术者和助手，以犬为模型练习脐疝修补术。

（4）手术期间，指导教师和其他同学在旁观摩，指导教师随时指导，并引导同学进行讨论；手术完成后，再轮换其他同学练习。

（5）实验结束后，指导教师组织学生总结本次实验，并安排学生对实验犬进行术后护理。

（6）学生记录实验犬的麻醉、手术过程和术后护理，并写出自己的体会，综合后上交实验报告。

实验十九　腹股沟疝修补术

【实验目的】

通过实验,使学生掌握腹股沟疝修补术的手术方法。

【实验内容】

腹股沟疝修补术。

【实验材料与器械】

常规软组织切开、止血、缝合等手术器械、丝线、无损伤可吸收线、酒精缸、碘伏缸、剃毛设备、麻醉药、抗生素、生理盐水、注射器、输液器、灭菌手套、手术衣、口罩、帽子。

【实验对象】

患有腹股沟疝的实验犬,雌雄兼有。

【实验基础知识】

1.腹股沟疝简介

因腹股沟缺陷、腹股沟环较大,腹腔内容物经此脱出称为腹股沟疝。腹股沟疝内容物多为大网膜、前列腺、脂肪、子宫、肠管、结肠,有的甚至是膀胱和脾脏。

腹股沟疝有先天性和后天性两类。先天性脐疝和腹股沟疝还可在同一动物身上发生。公畜比母畜更易发生先天性腹股沟疝,可能是因睾丸推迟下降而使腹股沟延迟变狭之故。犬的后天性腹股沟疝常见,最常发生于中年未绝育的母犬,可能因性激素分泌而改变结缔组织的力量和特性,使腹股沟环变弱或变大。公犬的腹股沟疝主要由于疝环较大、腹压增高造成肠管脱出引起腹股沟阴囊疝。

疝环较大的可复性疝,患病动物无明显临床症状,腹股沟部位可见单侧或双侧质地柔软呈面团状软性肿物,在仰卧触压时可将疝内容物送入腹腔。箝闭性腹股沟疝临床症状明显,动物表现腹痛不安、饮食欲废绝、呕吐、脱水、腹部触诊紧张、敏感,腹股沟疝囊内容物触诊质地硬,不能送入腹腔。箝闭时间较长的病例(浅色皮肤)可见皮肤及内容物呈紫黑色。特别是公犬,因肠管通过腹股沟进入阴囊内而形成腹股沟阴囊疝,使精索受压迫,睾丸动、静脉的血液供应、回流受阻,引起睾丸及精索坏死,如不及时发现治疗可造成犬的死亡。

2.适应症

可复性或箝闭性腹股沟疝。

3.术前准备

根据腹股沟疝的病因和性质而定。

4.术式

(1)全身麻醉,仰卧保定,术部剃毛、消毒,铺设创巾后进行手术(彩图19.1)。

(2)沿腹股沟方向皱襞切开腹股沟环腹侧的皮肤(彩图19.2),长3～5 cm,分离皮下组织,显露腹股沟外环与鞘膜管(公)或鞘突(母),此时可在腹股沟环后端见到进出腹腔的大血管。

(3)剪开鞘膜管(公)或鞘突(母),仔细分离疝内容物,还纳腹腔(彩图19.3、彩图19.4)。若是箝闭性疝,则要扩大疝环后还纳内容物;若内容物为肠管或子宫,已发生严重粘连或坏死时,要行部分肠切除术或卵巢子宫摘除术;如是公犬,精索、睾丸、鞘膜已坏死时应进行结扎后摘除睾丸。

(4)闭合疝环时,将疝环用丝线或可吸收线扣状缝合,必要时补加结节缝合;疝环不能完全闭合,注意疝环后端进出腹腔的大血管和公犬的精索。对于多余的鞘突或已切除睾丸的鞘膜管,可经贯穿结扎后去除;未切除睾丸的病例,可吸收线结节缝合鞘膜管切口。注意:大动物,要将腹股沟内环和外环分别闭合(彩图19.5)。

(5)可吸收线结节缝合皮下组织,结节缝合皮肤。涂布碘伏,腹绷带包扎(彩图19.6)。

5.术后护理

小动物术后常规护理;大动物术后不宜喂得过饱,限制剧烈活动,防止腹压增高。术后10～14 d视情况皮肤拆线。

【实验步骤】

(1)指导教师讲解本次实验的目的、实验内容和注意事项,并提醒学生防止犬咬伤,然后由学生分组独立进行操作,每组要提前安排麻醉监护人员、手术人员和术后护理人员,使每个学生都参与到实验过程中。

(2)至少2名学生实施麻醉,并负责术中麻醉监护和记录。

(3)2名学生分别任术者和助手,以犬为模型练习腹股沟疝修补术。

(4)手术期间,指导教师和其他同学在旁观摩,指导教师随时指导,并引导同学进行讨论;手术完成后,再轮换其他同学练习。

(5)实验结束后,指导教师组织学生总结本次实验,并安排学生对实验犬进行术后护理。

(6)学生记录实验犬的麻醉、手术过程和术后护理,并写出自己的体会,综合后上交实验报告。

实验二十　犬会阴疝修补术

【实验目的】

通过实验,使学生掌握犬会阴疝修补术的手术方法、并发症和术后护理。

【实验内容】

犬会阴疝修补术。

【实验材料与器械】

常规软组织切开、止血、缝合等手术器械、丝线、无损伤可吸收线、导尿管、酒精缸、碘伏缸、剃毛设备、麻醉药、抗生素、生理盐水、注射器、输液器、灭菌手套、手术衣、口罩、帽子。

【实验对象】

患有会阴疝的实验犬,雄性。

【实验基础知识】

1. 犬会阴疝简介

会阴疝是由于盆隔膜缺陷,腹膜及腹腔脏器向骨盆腔后结缔组织凹陷内突出,以致向会阴部皮下脱出。疝内容物常为膨大的直肠、网膜脂肪、前列腺、膀胱或肠管等,多见于 6 岁以上未做去势的公犬,左、右两侧均可发生,右侧常见。

会阴疝的发生是多因素作用的结果,其发生原因主要包括:老龄犬长时间便秘;荐坐韧带松弛;直肠畸形、直肠憩室及黏膜损伤;会阴部肌肉(尾骨肌、肛提肌等)萎缩;公犬雄性激素分泌失调;前列腺增生、前列腺肿瘤等。

2. 适应症

单侧或双侧会阴疝。

3. 术前准备

术前禁食 2～3 d,不限饮水。术前一天温肥皂水灌肠,清理消化道,去除积粪。对疝内容物为膀胱的病例,要膀胱内插入导尿管再等待手术。积极调整体况,行输液等支持疗法。

4. 术式

(1)全身麻醉,术部剃毛。清理直肠内粪便和肛囊内容物,肛门内塞入棉球(彩图 20.1),荷包缝合,打活结。导尿,暂时留置导尿管。

(2)小手术台俯卧保定,前低后高,耻骨下垫一 10 cm 高的软垫,后肢在小手术台后缘固定,尾巴前拉固定。术部消毒,铺设创巾后进行手术。

(3)在肛门右侧 2 cm 弧形切开皮肤,上起尾根,下至坐骨腹侧或疝囊底部。分离皮下组织,显露疝囊。切开疝囊(彩图 20.2),有时会有浆液性液体流出。继续分离,还纳疝内容物,分清术部肌肉:内侧是肛门外括约肌,背外侧是肛提肌、尾骨肌,腹侧是闭孔内肌;触摸感知背外侧的荐坐韧带。从坐骨后缘向前分离闭孔内肌(不能越过闭孔的后缘)(彩图 20.3)用丝线 3～5 个结节缝合内侧的肛门外括约肌与背外侧的肛提肌、尾骨肌和荐坐韧带(彩图 20.4、彩图 20.5、图 20.1),可吸收线1～2 个近远-远近缝合内侧的肛门外括约肌与腹侧掀起的闭孔内肌(彩图 20.6),可吸收线结节缝合皮下组织,结节缝合皮肤(彩图 20.7、彩图 20.8)。

(4)按同样的方法,行左侧会阴疝修补术。

(5)打开肛门荷包缝合线,取出棉球,直肠检查,确认缝线未穿透直肠黏膜。若为双侧会阴疝修补术,最好保留肛门荷包缝合,以免脱肛,但要收紧打结前肛门内插入注射器针帽,以便留有 8 mm 大小的排泄孔。去除暂时留置的导尿管。

(6)仰卧保定,行睾丸切除术。

(7)术部涂布碘伏,包扎。

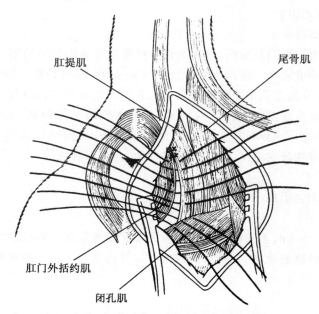

图 20.1　结节缝合疝环周围肌肉示意图

5.术后护理和并发症

术后3～5 d内控制饮食,饲喂营养膏,并行输液等支持疗法;调控饮食,饲喂易消化低残渣食物,减少粪便量,减轻排便时的努责;同时,避免激动或与其他犬打闹,减少努责。创口离肛门很近,易受粪便污染而感染,要及时清理粪便污物。术后积极治疗,行抗生素和止痛疗法。术后4～5 d拆除肛门荷包缝合线;术后12～14 d视情况皮肤拆线。

常见并发症:创口渗血、渗出、肿胀、感染;脱肛、里急后重、大便失禁;排尿异常;坐骨神经麻醉;复发等。

【实验步骤】

(1)指导教师讲解本次实验的目的、实验内容和注意事项,并提醒学生防止犬咬伤,然后由学生分组独立进行操作,每组要提前安排麻醉监护人员、手术人员和术后护理人员,使每个学生都参与到实验过程中。

(2)至少2名学生实施麻醉,并负责术中麻醉监护和记录。

(3)2名学生分别任术者和助手,练习犬会阴疝修补术。

(4)手术期间,指导教师和其他同学在旁观摩,指导教师随时指导,并引导同学进行讨论;手术完成后,再轮换其他同学练习。

(5)实验结束后,指导教师组织学生总结本次实验,并安排学生对实验犬进行术后护理。

(6)学生记录实验犬的麻醉、手术过程和术后护理,并写出自己的体会,综合后上交实验报告。

实验二十一　犬膀胱切开术

【实验目的】

通过实验，使学生掌握犬膀胱切开术的适应症、手术方法和术后护理。

【实验内容】

犬膀胱切开术。

【实验材料与器械】

常规软组织切开、止血、缝合等手术器械、锐匙、无损伤可吸收线、导尿管、双腔导尿管和尿袋、酒精缸、碘伏缸、剃毛设备、麻醉药、抗生素、生理盐水、注射器、输液器、灭菌手套、手术衣、口罩、帽子。

【实验对象】

实验犬，雌雄兼有。

【实验基础知识】

1. 适应症

膀胱或尿道结石、膀胱肿瘤、膀胱破裂等。

2. 术前准备

导尿，将尿道内结石冲至膀胱，并积极纠正和治疗肾后性氮质血症。

3. 术式

(1)全身麻醉，术部剃毛，导尿，将尿道内结石冲至膀胱，并排空膀胱内尿液。对于母犬，暂时留置导尿管。

(2)俯卧保定，前高后低，身下铺设吸水材料。术部消毒，铺设创巾后进行手术。

(3)母犬行腹中线切口（彩图21.1），显露腹腔后，牵拉出膀胱，纱布隔离（彩图21.2）。在膀胱顶腹侧无血管区纵向切开膀胱壁，取出大块结石（彩图21.3、彩图21.4），助手经创巾捏住外阴固定导尿管，使导尿管尖端位于膀胱颈，用大量温热生理盐水将结石冲净（彩图21.5）。拔除逆行插入的导尿管，经膀胱切口插入另一无菌导尿管，再次冲洗膀胱，确认结石冲净。经膀胱切口向尿道口方向插入一段无菌输液器管，越过外阴少许，引导留置双腔导尿管。可吸收线连续缝合膀胱黏膜，连续内翻缝合膀胱浆膜肌层（彩图21.6、彩图21.7、图21.1）。膀胱还纳腹腔，确认腹腔无遗留物后,可吸收线常规关腹(彩图 21.8)。

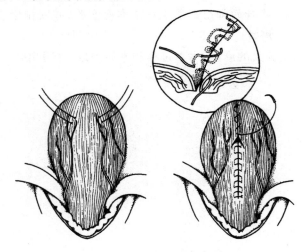

图 21.1　固定、缝合膀胱示意图

(4)公犬行阴茎右侧皮肤和腹白线切口(彩图 21.9),显露腹腔后,牵拉出膀胱,纱布隔离。在膀胱顶腹侧无血管区纵向切开膀胱壁,助手经尿道口逆行插入导尿管,用大量温热生理盐水将结石冲净。经尿道口逆行插入双腔导尿管,留置。可吸收线间断伦勃特式或连续伦勃特式或库兴氏缝合膀胱浆膜肌层。膀胱还纳腹腔,确认腹腔无遗留物后,可吸收线常规关腹。

(5)术部涂布碘伏,包扎,固定尿袋(彩图 21.10)。

4.术后护理

术后输液治疗,纠正体况。注意观察尿袋内的尿量,无尿时及时检查双腔导尿管内有无血凝块阻塞或折转;部分病例可能经尿道口漏尿,注意保持创口干燥。术后 10～14 d 视情况皮肤拆线。

【实验步骤】

(1)指导教师讲解本次实验的目的、实验内容和注意事项,并提醒学生防止犬咬伤,然后由学生分组独立进行操作,每组要提前安排麻醉监护人员、手术人员和术后护理人员,使每个学生都参与到实验过程中。

(2)至少 2 名学生实施麻醉,并负责术中麻醉监护和记录。

(3)2 名学生分别任术者和助手,练习公犬和母犬膀胱切开术。

(4)手术期间,指导教师和其他同学在旁观摩,指导教师随时指导,并引导同学进行讨论；手术完成后，再轮换其他同学练习。

（5）实验结束后，指导教师组织学生总结本次实验，并安排学生对实验犬进行术后护理。

（6）学生记录实验犬的麻醉、手术过程和术后护理，并写出自己的体会，综合后上交实验报告。

实验二十二　公猫会阴部尿道造口术

【实验目的】

通过实验,使学生掌握公猫会阴部尿道造口术的适应症、手术方法和术后护理。

【实验内容】

公猫会阴部尿道造口术。

【实验材料与器械】

常规软组织切开、止血、缝合等手术器械、矫形镊、4-0 无损伤可吸收线、8 号导尿管、8 号双腔导尿管和尿袋、利多卡因凝胶、酒精缸、碘伏缸、红霉素软膏、剃毛设备、麻醉药、抗生素、生理盐水、注射器、输液器、灭菌手套、手术衣、口罩、帽子。

【实验对象】

实验猫,雄性。

【实验基础知识】

1. 猫尿道的局部解剖

公猫的尿道分为骨盆部尿道和阴茎部尿道两部分,前者位于骨盆腔内,后者则位于阴茎内,二者以肛门外括约肌腹侧的尿道球腺为界。公猫的阴茎在阴囊和睾丸下方,朝向后腹侧。阴茎部尿道相对狭窄,易发生阻塞。阴茎与坐骨弓之间通过成对的坐骨海绵体肌、成对的阴茎脚、成对的坐骨尿道肌和单一的阴茎韧带联系。阴茎的背正中侧是阴茎退缩肌,与肛门外括约肌联系。

2. 适应症

各种原因导致的猫阴茎部尿道阻塞、尿道狭窄和阴茎损伤、肿瘤等。

3. 术前准备

根据临床检查和血液学检查综合评估猫的全身状况,特别是确认肾功能正常。对于病情严重、体况差的动物,术前要积极调整体况,补充血容量和调整酸碱平衡。

4. 术式

(1)全身麻醉,臀股部、尾根部和会阴部剃毛(彩图 22.1);清理直肠粪便和肛囊内容物,肛门内塞入棉球。

(2)患猫小手术台俯卧保定,呈前低后高姿势,尾巴前拉。沿阴囊基部周围画好预定切开线,切口顶端距肛门 1~1.5 cm。术部消毒后,铺设创巾后进行手术。

（3）常规公猫去势，精索自身打结。

（4）沿阴囊和包皮两侧的预定切开线椭圆形切开皮肤（彩图 22.2），分离，去除阴囊和包皮，钳夹切口腹侧的阴囊动脉止血（彩图 22.3）。

（5）紧贴阴茎向坐骨方向分离，显露阴茎的坐骨结合部和尿道球腺。拉住阴茎，紧贴坐骨剪断两侧的坐骨海绵体肌和坐骨尿道肌与腹侧的阴茎韧带，并伸入手指钝性分离，使阴茎游离（剪到阴茎脚时，出血会较多）。分离剪断阴茎背正中的阴茎退缩肌，至尿道球腺（肛门外括约肌）即可（彩图 22.4、彩图 22.5）。

（6）从尿道口沿阴茎部尿道的背正中线剪开，显露尿道黏膜，至刚过尿道球腺处到达骨盆部尿道为止（彩图 22.6、彩图 22.7），此时可通畅地插入 8 号导尿管（彩图 22.8）。

（7）将阴茎部尿道近端的尿道黏膜与周围皮肤使用 4-0 无损伤可吸收线结节缝合，两侧各 4～5 针后截断 1/3 的阴茎，然后再将余下的尿道黏膜与周围皮肤缝合（截断阴茎后，阴茎断端出血较多，可褥式缝合后再与切口腹侧的阴囊动脉结扎缝合。有时，在结石或导尿等的刺激下，尿道黏膜损伤严重，致使缝合难度加大，预后慎重至不良）（彩图 22.9）。

（8）拔出 8 号导尿管，经造口处插入 8 号双腔导尿管，留置。取出肛门内棉球。

（9）术部涂布红霉素软膏，包扎，固定尿袋。

5. 术后护理

佩戴伊丽莎白圈，防止猫舔舐创口。用碎纸条等软物代替猫砂。使用抗生素和局部处理创口，防止感染。术后 10～14 d 拆线。

【实验步骤】

（1）指导教师讲解本次实验的目的、实验内容和注意事项，并提醒学生防止猫抓伤，然后由学生分组独立进行操作，每组要提前安排麻醉监护人员、手术人员和术后护理人员，使每个学生都参与到实验过程中。

（2）至少 2 名学生实施麻醉，并负责术中麻醉监护和记录。

（3）2 名学生分别任术者和助手，练习公猫会阴部尿道造口术。

（4）手术期间，指导教师和其他同学在旁观摩，指导教师随时指导，并引导同学进行讨论；手术完成后，再轮换其他同学练习。

（5）实验结束后，指导教师组织学生总结本次实验，并安排学生对实验猫进行术后护理。

（6）学生记录实验猫的麻醉、手术过程和术后护理，并写出自己的体会，综合后上交实验报告。

实验二十三　犬尿道造口术

【实验目的】

通过实验,使学生掌握公犬尿道造口术的适应症、手术方法和术后护理。

【实验内容】

公犬阴囊基部和会阴部尿道造口术。

【实验材料与器械】

常规软组织切开、止血、缝合等手术器械、矫形镊、无损伤可吸收线、导尿管、双腔导尿管和尿袋、利多卡因凝胶、酒精缸、碘伏缸、红霉素软膏、剃毛设备、麻醉药、抗生素、生理盐水、注射器、输液器、灭菌手套、手术衣、口罩、帽子。

【实验对象】

实验犬,雄性。

【实验基础知识】

1.犬尿道的局部解剖

公犬的尿道分为膜性尿道和阴茎部尿道两部分,前者位于骨盆腔内,后者则位于阴茎内。阴茎分为阴茎根、阴茎体和龟头,龟头内有一长形阴茎骨。阴茎骨腹侧中央有一凹沟,包绕尿道从此通过,因此阴茎骨后端处尿道是阻塞或狭窄的最常见部位。

2.适应症

各种原因导致的犬尿道阻塞、尿道狭窄和阴茎损伤、肿瘤等。

3.术前准备

根据临床检查和血液学检查综合评估患犬的全身状况,特别是确认肾功能正常。对于病情严重、体况差的动物,术前要积极调整体况,补充血容量和调整酸碱平衡。

4.术式

(1)阴囊基部尿道造口术。

①全身麻醉,仰卧保定,后腹部和会阴部剃毛(彩图23.1),尽量经尿道口逆行插入导尿管。术部消毒,铺盖创巾后进行手术。

②沿阴囊基部椭圆形切开皮肤,分离(彩图23.2),去除阴囊皮肤(彩图23.3),切开总鞘膜(彩图23.4),切除双侧睾丸,精索自身打结,精索残端退回腹腔。分离

鞘膜管,可吸收线结扎后紧贴阴茎切断,去除多余的鞘膜管。

③分离,辨认阴茎退缩肌,并拉向一侧,显露阴茎(彩图 23.5)。创巾钳钳夹阴茎牵拉,使阴茎紧张。触摸尿道中的导尿管,在切口的偏后侧切开阴茎腹正中侧的尿道海绵体和尿道(彩图 23.6),扩大切口至 2 cm 左右(尿道切开的长度一般为尿道腔直径的 5~8 倍)(彩图 23.7)。松开创巾钳。

④先将切开的近端尿道黏膜与周围皮肤用 4-0 可吸收无损伤线结节缝合,切口前侧的多余皮肤切口结节缝合(彩图 23.8、彩图 23.9)。

⑤经造口处插入双腔导尿管,留置。创口涂布红霉素软膏,包扎,固定尿袋。

(2)会阴部尿道造口术。

①全身麻醉,仰卧保定,后腹部和会阴部剃毛,尽量经尿道口逆行插入导尿管。术部消毒,铺盖创巾后进行手术。

②紧贴阴囊基部向后,沿正中线切开皮肤 3~4 cm(彩图 23.10)。从切口的前端行双侧睾丸摘除术,精索自身打结。

③分离,辨认阴茎退缩肌,并拉向一侧,从正中线切开球海绵体肌,分离,显露尿道海绵体(彩图 23.11)。创巾钳钳夹阴茎牵拉,使阴茎紧张。触摸尿道中的导尿管,在切口的偏后侧切开阴茎腹正中侧的尿道海绵体和尿道,扩大切口至 2 cm 左右。松开创巾钳。

④将切开的尿道黏膜与周围皮肤用 4-0 可吸收无损伤线结节缝合(彩图 23.12)。

⑤经造口处插入双腔导尿管,留置(彩图 23.13)。创口涂布红霉素软膏,包扎,固定尿袋。

5.术后护理和并发症

佩戴伊丽莎白圈,防止犬舔舐创口。使用抗生素和局部处理创口,防止感染。术后 10~14 d 拆线。

创口可能会有较长时间的间断性出血,注意压迫止血。建议饲喂易消化低残渣食物,减轻排便时的努责;同时避免激动和与其他犬打闹等。可能发生尿道膀胱炎和排尿痛。

【实验步骤】

(1)指导教师讲解本次实验的目的、实验内容和注意事项,并提醒学生防止犬咬伤,然后由学生分组独立进行操作,每组要提前安排麻醉监护人员、手术人员和术后护理人员,使每个学生都参与到实验过程中。

(2)至少 2 名学生实施麻醉,并负责术中麻醉监护和记录。

(3)2 名学生分别任术者和助手,练习公犬阴囊基部和会阴部尿道造口术。

　　(4)手术期间,指导教师和其他同学在旁观摩,指导教师随时指导,并引导同学进行讨论;手术完成后,再轮换其他同学练习。

　　(5)实验结束后,指导教师组织学生总结本次实验,并安排学生对实验犬进行术后护理。

　　(6)学生记录实验犬的麻醉、手术过程和术后护理,并写出自己的体会,综合后上交实验报告。

附表 麻醉的监测指标

		麻醉前	麻醉后											
			5 min	10 min	15 min	20 min	25 min	30 min	35 min	40 min	45 min	50 min	55 min	60 min
循环系统	心率													
	心脏节律													
	心音强度													
	脉搏													
	体温													
	毛细血管再充盈时间													
	舌色													
	舌状态													
呼吸系统	呼吸频率													
	呼吸方式													
	呼吸强度													
其他	眼球位置													
	眼睑反射													
	角膜反射													
	肛门反射													
	疼痛反射													
	肌张力													
	其他表现													

参 考 文 献

1. 王洪斌,齐长明.家畜外科学.4 版.北京:中国农业出版社,2003.
2. 王洪斌.兽医外科学.5 版.北京:中国农业出版社,2011.
3. 林德贵.兽医外科手术学.5 版.北京:中国农业出版社,2011.
4. 侯加法.小动物外科学.北京:中国农业出版社,2000.
5. 彭广能.兽医外科学.成都:四川科学技术出版社,2004.
6. 丁明星.兽医外科学.北京:科学出版社,2008.
7. A. S. Turner,et al. Techniques in large animal surgery. BlackWell Publishing, 2003.
8. Fred Anthony Mann,et al. Fundamentals of small animal surgery. BlackWell Publishing,2011.
9. Theresa Welch Fossum,et al. Small Animal Surgery. 4th Edition. Mosby Title,2013.